Lumières sur le nucléaire

OUVRAGE COORDONNÉ PAR

XAVIER URSAT

LUMIÈRES SUR LE NUCLÉAIRE

le cherche midi

Vous pouvez consulter notre catalogue général
et l'annonce de nos prochaines parutions sur notre site :
www.cherche-midi.com

92, avenue de France
75013 Paris

Conception graphique : Justine Dupré
Composition : Nord Compo
Dépôt légal : janvier 2024
ISBN : 978-2-7491-7493-8

AVANT-PROPOS

Le livre que vous ouvrez, cher lecteur, porte le souvenir d'un petit ouvrage publié en 1992 chez le même éditeur, sous le titre *L'Énergie nucléaire en 110 questions*. Il s'agissait d'un ouvrage collectif coordonné par l'auteur de ces lignes. Quel ne fut pas mon plaisir de découvrir que d'autres, à l'initiative de Xavier Ursat, reprenaient le flambeau trente ans plus tard.

Une question s'impose : pourquoi se référer à un texte ancien alors que, dans le domaine de l'énergie, l'évolution a été considérable ? Pour le dire autrement, les enjeux de politique énergétique sont-ils les mêmes aujourd'hui ?

Première différence majeure : la coopération européenne. Même si les produits du secteur de l'énergie franchissent les frontières, la politique énergétique est longtemps restée une prérogative nationale, énoncée comme telle dans les traités constitutifs de l'Union européenne. De fait, la situation juridique n'a pas encore vraiment changé, mais quatre crises sont venues démontrer la nécessité de la coopération au sein de l'Union : la crise climatique, la crise sanitaire, la crise énergétique, elle-même amplifiée par la crise ukrainienne. Les États membres comprennent enfin l'urgence d'harmoniser leurs politiques énergétiques. Mais que signifie au juste « politique énergétique » ?

Dans les années 1990, le consensus était qu'une bonne politique énergétique devait se fixer simultanément trois objectifs : la sécurité de la fourniture d'énergie, la protection de l'environnement et la compétitivité de l'économie. L'Agence internationale de l'énergie (AIE), à laquelle la France venait d'adhérer, prônait les « *Three E's* » : *energy security*, *environment protection*, *economic growth*. Ces objectifs restent incontestablement d'actualité, mais le contexte a été bouleversé. Reprenons chacun d'entre eux.

Il y a trente ans, assurer la sécurité de la fourniture d'énergie signifiait essentiellement se prémunir contre le risque d'une crise pétrolière alimentée par l'attitude des pays producteurs. L'adversaire était l'OPEP et l'outil de défense comportait les stocks d'urgence gérés par l'AIE. Aujourd'hui, l'inquiétude porte sur les approvisionnements en gaz, et plus encore sur la fourniture d'électricité, mise en danger par un marché mal conçu ; nous y reviendrons.

Il y a trente ans, pour protéger l'environnement, il fallait réduire les pollutions locales de l'air et de l'eau. Certes, quelques chercheurs commençaient à alerter sur les dangers de l'effet de serre, mais leurs travaux ne circulaient que dans des cercles restreints. L'évidence et la gravité du changement climatique sont aujourd'hui presque unanimement reconnues et on commence, enfin, à parler de sobriété dans nos consommations et nos comportements.

Il y a trente ans, le secteur de l'énergie était généralement composé de monopoles nationaux parfois – pas toujours – peu efficaces, en particulier dans l'électricité et le gaz. Pour assurer la compétitivité de l'économie, il fallait donc, disait-on, casser les monopoles et introduire la concurrence, en d'autres termes créer en Europe un marché libéralisé de l'électricité et du gaz. Tous les problèmes, ajoutait-on, seraient réglés par la main invisible du marché.

C'était une très bonne idée, et il faut reconnaître que pouvoir choisir son fournisseur d'énergie et en changer si on n'est pas satisfait de ses services est un progrès très appréciable. Encore aurait-il fallu que ces marchés aient été construits intelligemment, en particulier celui de l'électricité, pour tenir compte des spécificités de cette énergie. C'est tout le contraire qui s'est produit, en raison d'une approche entièrement idéologique.

Les investissements dans la production et les réseaux sont particulièrement lourds et leur cycle de vie couvre plusieurs décennies.

Le choix à l'époque a été d'échanger sur le marché des quantités d'électricité, en feignant d'oublier que ces quantités n'ont de valeur qu'au moment où on en a besoin puisqu'elles ne sont pas stockables. La denrée rare et précieuse, c'est la puissance garantie, autrement dit le mégawatt (MW). C'est cette denrée qu'il aurait fallu échanger sur un marché dit « de capacité », mais cela pouvait apparaître – *horresco referens* – comme une subvention au nucléaire ; on s'y est donc refusé.

Ainsi mal bâti, le marché donnait des résultats qui ne plaisaient pas aux politiques. En particulier, il ne permettait pas le développement massif des énergies renouvelables, et la variation des prix était pénalisante pour les consommateurs domestiques. Qu'à cela ne tienne, on a exempté ces deux segments des règles de fonctionnement du marché, en garantissant des prix d'achat fixes pour les producteurs d'électricité renouvelable et des prix administrés pour les consommateurs domestiques. On a donc ajouté une absurdité supplémentaire puisque le marché ne traite plus qu'une petite partie des échanges. Il n'est pas étonnant, dans ces conditions, qu'il ne rende pas le service essentiel qu'on attend de lui : fixer des prix qui incitent à investir dans les capacités de production et de transport nécessaires, alors même que tout le monde s'accorde à dire que la lutte contre le dérèglement climatique passe notamment par une forte augmentation de la part de l'électricité dans la consommation finale d'énergie. Plus encore que les conséquences de la crise ukrainienne, ce sous-investissement alimente le risque de manquer d'électricité en Europe pendant les hivers à venir. Au moment où ces lignes sont écrites, les autorités communautaires, enfin conscientes de la catastrophe prévisible, viennent de proposer à une refonte en profondeur des mécanismes des marchés de l'électricité et du gaz. Mieux vaut tard que jamais…

Et le nucléaire, dans ce contexte ? Il est toujours là ! Non pas qu'il soit sans défauts, loin de là : il exige des investissements très lourds, une partie du cycle du combustible est potentiellement proliférante, comme le montre la difficile négociation avec l'Iran, et l'opinion publique lui est souvent hostile, invoquant sa dangerosité et la gestion des déchets. Mais il dispose de trois atouts qui correspondent très exactement aux *Three E's* d'une bonne politique de l'énergie :

- sécurité d'approvisionnement : le nucléaire est, avec l'hydraulique, la seule énergie dont la chaîne de valeur est essentiellement européenne. Certes, le minerai d'uranium est pour l'instant importé, mais il ne représente que quelques pourcents dans le coût, ce qui permet de constituer des stocks de précaution sur plusieurs années. De plus, les centrales sont « pilotables », dans une large mesure ;
- protection de l'environnement : le nucléaire est, là encore avec l'hydraulique, l'énergie qui produit le moins de gaz à effet de serre, même en comptant les émissions de l'ensemble du cycle de fabrication ;
- croissance économique : ce point, qui paraissait naguère entendu (le nucléaire est l'énergie la moins chère, disait-on), demande, reconnaissons-le, à être confirmé et suppose une continuité des programmes qui permette de conserver les compétences. Le foisonnement des initiatives technologiques dans ce domaine (par exemple les petits et moyens réacteurs, SMR ou *small modular reactor*) est un indice très encourageant.

Il reste donc à convaincre l'opinion. Puissiez-vous, cher lecteur, y contribuer après avoir lu cet ouvrage !

Claude Mandil
Ancien directeur exécutif
de l'Agence internationale de l'énergie (AIE)

PARTIE I

ÉNERGIE, CLIMAT ET SOUVERAINETÉ, LA RÉVOLUTION EST EN MARCHE

À l'heure où les changements climatiques imposent leur *tempo* et où l'urgence de revoir sa copie devient prégnante, les États se saisissent de la question énergétique et tentent de définir le meilleur équilibre sur lequel s'appuyer pour atteindre leurs ambitions.

Sylvie Bermann et Christophe Grudler nous livrent ici leur vision de la manière dont les pays appréhendent ces enjeux et y répondent, à l'échelle mondiale et européenne. Les professeurs Philippe Chalmin et Cécile Maisonneuve approfondiront ces témoignages à travers différentes notions nous permettant de lever le voile sur les nombreux « pièges idéologiques » dans les débats autour de l'énergie et de l'environnement, et de mieux saisir les enjeux principaux de la transition énergétique. Catherine Bauby évoquera quant à elle les besoins en électricité et leur évolution.

Entretien

Sylvie Bermann

Ambassadrice de France
Ancienne ambassadrice au Royaume-Uni,
en Chine et en Russie

La question de la souveraineté économique a ressurgi très fortement, d'abord pendant l'épidémie de Covid-19, puis depuis la guerre en Ukraine. Comment expliquez-vous que ce sujet, en particulier dans son volet énergétique, ait été si négligé pendant tant d'années ?

Je dirais que l'Europe a cru pendant un temps que le monde était devenu ouvert, que le libre marché dans lequel elle-même s'inscrit allait devenir la norme. Dans ce contexte doux d'un monde d'échanges économiques fluides et d'intérêt mutuel garanti, les enjeux de souveraineté ne sont pas centraux. Mais la pandémie a créé la prise de conscience de la dépendance économique envers la Chine – comme pour la production de médicaments aussi simples que le paracétamol. Puis, de façon plus forte encore, la guerre en Ukraine et le retour d'une réalité guerrière ont définitivement tué l'idée d'un monde pacifié et ont réveillé la notion de souveraineté garante de la liberté des peuples. Et *in fine*, en mars, le Conseil européen a adopté une feuille de route, la « boussole stratégique », dans lequel la notion de souveraineté est centrale.

En quoi l'énergie est-elle au cœur de la problématique de souveraineté ?

L'énergie est fondamentale, parce qu'elle nous est vitale. Pour les particuliers, mais aussi pour l'économie et l'industrie. Réduire la consommation d'énergie, par exemple pour un pays comme l'Allemagne fortement dépendant au gaz russe, ce n'est pas juste baisser la température des logements de 1 °C en hiver. Cela induit des conséquences très lourdes pour la production industrielle, et pour l'économie du pays dans son ensemble, pour son fonctionnement, et donc pour les citoyens. L'Allemagne avait sciemment scellé une dépendance énergétique avec la Russie en choisissant le gaz, ce qui a restreint sa marge de manœuvre politique. Mais elle n'a pas fait ce choix complètement par hasard. Elle voulait intégrer ce grand pays continent, frontalier de l'Europe, à l'économie européenne. Angela Merkel avait cette ambition à la fois économique et politique. Même si l'Allemagne a su s'adapter, il n'empêche qu'elle a réactivé ses centrales à charbon émettrices de gaz à effet de serre.

Aujourd'hui, dans quelle mesure la géopolitique est-elle influencée par les problématiques d'énergie et de souveraineté ?

Il y a aujourd'hui une véritable géopolitique de l'énergie. Des problématiques d'alliances et de souveraineté émergent parallèlement. La dépendance énergétique est surtout un problème quand elle est liée à des pays en lesquels on n'a plus confiance. Être dépendant d'un allié est beaucoup moins effrayant. Par exemple, la Pologne voulait s'affranchir du gaz russe, mais cela ne lui pose aucun problème de créer une dépendance avec les États-Unis, son allié, même si le gaz américain est plus onéreux et issu de l'exploitation des roches de schiste. Elle envisage cependant de recourir plus largement au nucléaire. D'ailleurs, dans le contexte de guerre actuel, les États-Unis sont le grand gagnant. Ils vont enfin parvenir à conquérir le marché européen du gaz qu'ils convoitaient depuis plusieurs années. Mais cette nouvelle dépendance est aussi dangereuse pour l'Europe. Car dans la nouvelle guerre froide sino-américaine qui s'installe durablement, les États-Unis pourraient demander à l'Europe de prendre parti. Et plus l'Europe sera dépendante des énergies de son allié, moins elle se sentira libre de ses choix. La création d'une véritable indépendance énergique via la décarbonation de son économie est donc un enjeu crucial pour l'Europe.

L'énergie décarbonée est-elle synonyme d'indépendance énergétique, selon vous ?

Pas pour tout le monde. Tout dépend des ressources internes. L'Europe n'est qu'un faible producteur d'énergie carbonée, contrairement aux États-Unis, où le gaz de schiste a permis une véritable indépendance énergétique. Cela a d'ailleurs beaucoup changé la politique internationale américaine. Par exemple, le gaz de schiste a permis aux États-Unis de se libérer de la dépendance à l'or noir saoudien, ce qui a été décisif dans le changement de nature des relations entre Washington et Riyad. La prise de distance du président Joe Biden, après l'affaire de l'assassinat en 2018 du journaliste Jamal Khashoggi au consulat saoudien en Turquie, est un symptôme de cette indépendance énergétique assumée et assez nouvelle de l'Amérique envers les États du Golfe. Joe Biden avait même affirmé pendant sa campagne électorale que l'Arabie saoudite devait être traitée comme un « État paria » à cause de cette affaire... Cependant, pour des raisons liées toujours en partie à la problématique énergétique (le besoin de convaincre l'Arabie saoudite d'augmenter sa production pour permettre une baisse des prix du baril), Joe Biden a mis de l'eau dans son vin et est allé rendre visite – au demeurant sans succès – au prince héritier Mohammed ben Salmane. La Chine, de son côté, a cultivé avec d'avantage de succès les relations avec l'Arabie saoudite et l'Iran, dont elle a favorisé la réconciliation. Pour la Russie, autre pays gazier, le sujet de l'indépendance énergétique n'est évidemment pas un enjeu de décarbonisation. En revanche, le nouveau partenariat scellé avec la Chine, ce « partenariat sans limite » depuis les Jeux olympiques d'hiver de Pékin, permet à la Russie de se projeter vers de nouveaux débouchés commerciaux pour son gaz. Pour résumer, tout dépend des données de chaque pays, mais pour l'Europe, les enjeux d'écologie et de souveraineté se rejoignent de façon remarquable.

Quelles options de souveraineté et de décarbonisation se dessinent, selon vous, en Europe à l'heure actuelle ?

À ce stade, l'Europe a adopté une taxonomie, c'est-à-dire une classification des activités économiques qui ont un impact positif sur l'environnement. Le gaz et l'énergie nucléaire y sont considérés comme énergies de transition nécessaires avant de passer aux énergies vertes. Cette classification commune est le fruit d'une négociation avec l'Allemagne, très gazière. Cependant, je pense de plus en plus, et je ne suis pas la seule, que la transition va être longue et qu'il faudrait promouvoir le nucléaire en Europe, dans la durée. Ce que vient de reconnaître la Commission européenne en mars 2023 en intégrant dans cette classification l'hydrogène bas carbone produit à partir d'électricité nucléaire.

Vous ne croyez donc pas au tout-renouvelable ?

Je suis bien sûr en faveur des énergies renouvelables, mais je pense que leur caractère intermittent crée la nécessité de les associer à une autre énergie que l'on peut piloter, comme le nucléaire.

Comment les pays européens se positionnent-ils sur ce sujet ?

Beaucoup de pays ne croient plus au 100 % renouvelable, mais en un mix décarboné où le nucléaire a une place nécessaire. C'est le cas de la Pologne, qui, historiquement productrice de charbon, a décidé de développer un programme nucléaire. Ou de la République tchèque, qui a lancé un appel d'offres pour la construction de nouvelles unités à la centrale nucléaire de Dukovany, en mars dernier, au nom de son « autonomie énergétique ». La Chine et la Russie sont exclues de ce marché. La Belgique revient, elle aussi, sur son rêve du 100 % renouvelable et renonce à fermer ses centrales nucléaires. D'autres pays, comme l'Autriche, qui pourtant abrite le siège de l'Agence internationale de l'énergie atomique (AIEA), s'opposent au nucléaire pour des raisons purement idéologiques. Tandis que d'autres encore varient en fonction de la couleur politique du gouvernement. C'est le cas de la Corée du Sud, pays pourtant à forte compétence nucléaire, dont l'ancien président, élu en 2017, Moon Jae-in, avait promis une sortie progressive du nucléaire. Cinq ans plus tard, son successeur, Yoon Suk-yeol, a fait volte-face en faveur d'une relance de la filière. Mais globalement, on sent partout un intérêt accru pour le nucléaire. C'était palpable au Forum nucléaire mondial (WNE – World Nuclear Exhibition) de novembre 2021, à Paris. J'ai aussi constaté lors d'une visite à l'Institut de formation aux métiers du nucléaire franco-chinois (IFCEN) l'engouement des jeunes Chinois pour la filière. D'autant plus que l'avenir du nucléaire est porteur d'innovations très positives qui seront mises en valeur lors du prochain Forum nucléaire mondial, en novembre 2023. Le secteur du nucléaire continue sa progression vers de nouveaux modèles énergétiques. Les SMR, petits réacteurs modulaires, se développent partout dans le monde en parallèle des projets de construction de réacteurs de large puissance à court et moyen terme. Sans oublier les promesses à plus long terme de la fusion, une nouvelle technologie qui permettra d'éviter la production de déchets nucléaires.

Entretien

Christophe Grudler

Député européen

Quels sont les grands principes de votre action par rapport aux enjeux énergétiques ?

Si on pense de façon globale, l'objectif commun partagé par tous est de décarboner notre société. Avec un impératif irréductible : ne pas mettre à mal le bien-être humain et l'économie. Et une volonté politique forte : privilégier l'autonomie et la souveraineté européennes. Un nouveau point de vigilance s'impose : faire en sorte que les enjeux à court terme liés à la guerre en Ukraine et à la pénurie énergétique ne prennent pas le pas sur les objectifs à long terme.

Vous n'êtes donc pas adepte d'un modèle de décroissance ?

Non. Je crois que le PIB et la consommation énergétique vont de pair depuis toujours. Un pays riche est un pays qui consomme de l'énergie. Et la richesse d'un pays, c'est le bien-être de ses habitants, la paix entre toutes et tous. Les pays qui luttent contre la pauvreté ont besoin d'énergie pour que leur population puisse accéder à un niveau de vie décent. Par ailleurs, je pense que l'Europe a les moyens de transformer sa croissance en développant une filière européenne de l'énergie décarbonée. Elle peut devenir un véritable leader, une locomotive mondiale de la transition énergétique.

Alors, très concrètement, comment arrivera-t-on à décarboner en Europe tout en gardant un modèle de croissance ?

Pour l'Europe, le Pacte Vert fixe une évolution graduelle en deux étapes. À horizon 2050, nous nous engageons à atteindre l'objectif zéro émission et nous nous fixons d'ici à 2030 un objectif de diminution des émissions de carbone d'au moins 55 % de nos émissions de gaz à effet de serre. Cela veut dire augmenter de façon très significative la part de l'électrique, qui ne représente aujourd'hui que 25 % du mix énergétique, et devra s'imposer pour atteindre 65 %. Les 35 % restants seront constitués de gaz verts et d'hydrogène propre (c'est-à-dire d'origine nucléaire). Les énergies fossiles, quant à elles, n'auront quasiment plus de place ni dans notre production, ni dans notre consommation d'énergie. *In fine*, à horizon 2050, la consommation d'énergie en France devrait passer de 1 600 TWh (térawattheure) par an à environ 900 TWh, car nous utiliserons notre énergie plus efficacement. Mais ceci sans que cette baisse puisse nuire à l'activité des particuliers et des entreprises, car les énergies électrifiées ont un bien meilleur rendement : à « service égal », elles seront moins dépensières que les énergies fossiles.

Comment opérer cette mue vers l'électrification ?

Décarboner et électrifier passent d'abord par l'instauration d'un mix renouvelable / nucléaire. Les énergies renouvelables ne sont pas des énergies stables (le vent souffle quand il veut), et on ne sait toujours pas les stocker – on est loin de maîtriser cette technologie. Pour que l'offre et la demande d'énergie soient corrélées, on a besoin d'une énergie que l'homme arrive à contrôler. Le nucléaire est donc absolument nécessaire. Beaucoup d'écologistes en ont conscience en Europe. C'est le cas, par exemple, des écologistes finlandais qui soutiennent le nucléaire. Les écologistes français sont encore réticents, car ils restent fidèles au combat fondateur « antinucléaire » de leur mouvement.

Que vous inspire cette attitude ?

Ils sont d'autant plus dans l'erreur que le nucléaire d'aujourd'hui n'est pas le même que celui des années 1970. Le niveau de sûreté des centrales est immensément plus élevé. Même les attaques terroristes ont été anticipées sur les nouveaux réacteurs. Par ailleurs, les innovations à venir en feront une énergie plus propre : la fusion permettra bientôt d'éviter les déchets radioactifs. En règle générale, j'estime que l'innovation est un élément déterminant de la réussite du Pacte Vert européen, et qu'un nouveau modèle de croissance européen vertueux est possible. Avec un vrai impact sur l'emploi.

Quels sont les éléments qui justifient une telle confiance en l'avenir ?

Tout d'abord les innovations florissantes que je vois aboutir. Dans la filière européenne de l'hydrogène, en tout premier lieu. Des innovations décisives concernant les réservoirs de stockage et les techniques de compression seront bientôt opérationnelles. Certains réservoirs sont déjà en phase de test en Suède et au Danemark et se révèlent très prometteurs. Les débouchés sont immenses dans l'industrie (cimenteries, aciéries) et décisifs dans les transports. Surtout, à mon avis, dans les transports « lourds », comme les camions, les transports en commun. La filière hydrogène 100 % européenne pourrait créer un million d'emplois, avec plus de 500 milliards d'euros d'investissements d'ici à 2050 qui pourraient voir le jour dans le cadre du Pacte Vert européen. Il y a aussi de nouvelles énergies qui émergent dans l'hydraulique, comme l'osmotique, qui récupère l'énergie générée par la rencontre entre l'eau de mer et l'eau douce. Sans compter que les renouvelables s'améliorent à grande vitesse. Le progrès le plus marquant concerne l'éolien, dont la puissance va être décuplée (avec des éoliennes passant de 2 à 20 MWh) grâce à la maîtrise des problèmes de vibration des turbines. Enfin, le lancement des SMR est particulièrement pertinent pour décarboner les pays de l'Est de l'Europe. Ces petites unités (20 % de la puissance d'une centrale classique), répondent au même besoin d'énergie qu'une centrale à charbon. Elles constituent un outil parfait pour les pays, comme la Pologne, qui veulent sortir du fossile.

Ces innovations technologiques, les États-Unis et la Chine s'y intéressent ; comment s'assurer que les technologies européennes tireront leur épingle du jeu ?

C'est là que l'Union européenne joue un rôle central. Non seulement nous allouons des subventions pour le développement de ces énergies décarbonées, mais il s'est aussi créé un système d'alliances entre les pays de l'Union européenne autour de filières décarbonées. Prenons l'exemple du partenariat européen des SMR, lancé début 2023, et qui associe les pays présents dans la filière. L'idée est de créer des SMR purement européens, avec la possibilité d'obtenir des aides d'État et des dérogations aux marchés publics. De même pour la filière de l'hydrogène. À travers ces nouvelles alliances, au lieu de se faire concurrence, les Européens unissent leurs forces pour développer leurs économies, leur autonomie énergétique et décarboner leur consommation. D'autres chantiers solidaires sont à activer, comme celui, stratégique, du réseau électrique. Le réseau français est envié dans toute l'Europe. Il faut maintenant développer le marché allemand, très en retard. Les enjeux d'un réseau électrique dense et bien réparti sont majeurs. Il faut, à titre d'exemple, comprendre que si, demain, le parc de voitures français passe entièrement à l'électrique, il faudrait produire et transporter 100 TWh supplémentaires d'électricité.

La crise énergétique actuelle liée à la guerre en Ukraine a des effets induits sur les politiques européennes. Comment faire face à cette période de troubles ?

Sur certains aspects, la crise actuelle nous ramène dans le passé, avec la réouverture dans certains pays de centrales à charbon pour subvenir aux besoins de l'hiver. Mais sur d'autres, elle a créé un phénomène d'accélération des réformes. Par exemple, l'intégration du nucléaire comme technologie durable a été confirmée par un vote européen début juillet 2022 (la taxonomie pour la finance durable). Très concrètement, une entreprise européenne qui veut décarboner son industrie pourra choisir de se procurer un réacteur SMR et profiter d'aides financières. La crise a aussi permis de remettre en cause l'indexation du prix de l'électricité sur celui du gaz. Les factures des particuliers en seront allégées. Enfin, la guerre a permis à l'Union européenne de prendre conscience de la nécessité absolue de son indépendance énergétique, tout l'enjeu étant de ne pas passer d'une dépendance à la Russie à une dépendance aux États-Unis. Et de bien saisir l'opportunité économique immense que cette indépendance représente. Non seulement l'Europe, premier marché économique mondial, deviendra un modèle si elle parvient à développer sa filière d'énergie décarbonée, mais elle pourra aussi imposer des standards de production neutre en carbone que les acteurs mondiaux auront tout intérêt à suivre pour exister sur notre marché. L'Europe importe aujourd'hui 64 % de son énergie. Si elle va jusqu'au bout d'une politique ultravolontariste sur la souveraineté énergétique (verte), quel bien ce Pacte Vert européen fera à notre balance commerciale ! Pour un pays comme la France, par exemple, abonné au déficit commercial massif, c'est une véritable solution à un mal endémique !

La transition énergétique : piège idéologique, réalités écologiques

Philippe Chalmin
Professeur émérite
à l'université Paris-Dauphine

Été 2022 : en pleine crise géopolitique liée à la guerre en Ukraine, le gaz naturel coûte plus de 300 euros le MWh sur le marché de gros européen (le *Title Transfer Facility* ou TTF néerlandais), et le prix de l'électricité dépasse pendant quelques journées la barre des 1 000 euros le MWh. Un peu partout, on relance des centrales à charbon, énergie dont le prix est lui aussi au plus haut. Les regards se tournent vers les éoliennes, à la recherche du moindre souffle de vent.

La canicule qui embrase l'Europe pousse à la climatisation (la *cooling season* des Américains). Le parc automobile s'électrifie, mais la production d'électricité devient problématique après des années de déni du nucléaire et de sous-investissement dans la maintenance du parc existant (grands carénages) et la construction des nouveaux réacteurs (programme EPR). Vladimir Poutine a beau jeu d'utiliser l'« arme du gaz » vis-à-vis d'une Europe victime des contradictions d'une transition énergétique, où l'idéologie a perverti la réalité d'un nécessaire cheminement écologique. La situation actuelle est le fruit de plusieurs années, voire décennies, de dérives tant au niveau des différents États qu'au plan européen.

Aux racines de la transition énergétique

Le grand choc énergétique précédent avait été celui des années 1970. À l'époque, la dépendance européenne au pétrole (le gaz ne jouait qu'un rôle secondaire) était totale. La hausse des prix permit le développement de productions *offshore* en mer du Nord, mais elle provoqua aussi un effort important d'économies d'énergie. Elle fut le facteur essentiel du décollage de la production d'énergie nucléaire, en France bien entendu, mais, de manière moins systématique, dans la plupart des pays européens.

Le contre-choc pétrolier, au milieu des années 1980, ouvrit une longue période d'insouciance énergétique en Europe, marquée quand même par la poursuite du déclin du charbon, à l'exception notable de l'Allemagne dans le cadre de sa décision d'arrêt du nucléaire et de tout faire reposer sur des énergies renouvelables intermittentes. La grande grève des mineurs britanniques brisée par Margaret Thatcher sonna le glas du charbon au Royaume-Uni et bientôt sur le continent. La France, qui avait produit 60 millions de tonnes de charbon (son record historique) au tournant des années 1970, n'en produisait plus à la fin de ce siècle. Sur cette période, les prix des énergies fossiles n'ont cessé de décliner en valeur réelle : dans une couverture célèbre, début 1999, l'hebdomadaire anglais *The Economist* posait la question : « *Oil, $5 a barrel ?* »

En réalité, le problème était alors moins énergétique qu'environnemental, avec la lente prise de conscience du caractère inexorable du changement climatique lié à l'activité humaine (il est intéressant de noter que le célèbre rapport *Halte à la croissance ?* de 1972 n'en faisait pas état, la seule crainte à l'époque étant un pic de production et non, comme aujourd'hui, de consommation). Le Groupe d'experts intergouvernemental sur l'évolution du climat (GIEC) publia son premier rapport en 1990. Le protocole de Kyoto fut adopté en 1997 lors de la COP3… Dans de nombreux pays se formèrent des partis politiques « verts » (ou écologiques) plus ou moins pragmatiques, plus ou moins idéologisés. L'une de leurs caractéristiques communes était une opposition virulente au développement et même au principe de l'énergie nucléaire, une opposition renforcée dans l'opinion publique par les accidents de Three Mile Island (1979), de Tchernobyl (1986) et enfin de Fukushima (2011). L'influence verte antinucléaire fut longtemps beaucoup plus forte dans l'Europe rhénane que dans l'Europe méditerranéenne et au Royaume-Uni. La France fut longtemps aussi une exception, le programme nucléaire y ayant fait l'objet du consensus propre aux grands projets industriels de la période gaullo-pompidolienne.

Au début du XXIe siècle toutefois, la prise en compte de l'urgence climatique commença à s'imposer au-delà même des cercles écologiques. Le protocole de Kyoto entra en vigueur (sans les États-Unis) en 2005, puis ce furent les COP15 de Copenhague et 21 de Paris. L'heure était à la transition énergétique et, au sein de l'Europe, l'Allemagne joua un rôle déterminant.

Le modèle allemand

L'Allemagne fut le premier pays d'Europe où le parti écologique – *Die Grünen*, « Les Verts » – participa aux coalitions gouvernementales. Son influence fut incontestable dans les choix énergétiques des vingt dernières années. Certes, elle ne parvint pas à mettre un terme à l'utilisation du charbon – et pire, du lignite – dans les centrales thermiques. En revanche, elle prépara le retrait progressif du nucléaire ainsi que de la fracturation hydraulique pour la production de gaz naturel. Tout l'accent fut mis sur les énergies renouvelables, le solaire et surtout l'éolien. La capacité installée de ces énergies renouvelables dépassa bientôt celle du nucléaire en France. Bien sûr, il s'agissait là de ressources électriques par essence intermittentes, avec des moments de surproduction, des prix de l'électricité parfois négatifs et des « pannes » de vent ou de soleil. La géographie n'était pas non plus très favorable, avec la production d'énergie éolienne concentrée dans le Nord et des problèmes de transport d'électricité (les mêmes Verts étant souvent opposés aux lignes à haute tension), en l'état des techniques de l'époque (transport et stockage). Il était nécessaire de disposer de capacités thermiques susceptibles d'assurer le relais. Pour échapper au charbon, il ne restait que le gaz.

En Allemagne, le nucléaire n'avait en effet jamais été l'objet du même consensus qu'en France. Au-delà des milieux écologistes, le nucléaire réveillait de sinistres souvenirs dans les mémoires allemandes. En 2011, juste après l'accident de Fukushima, Angela Merkel décida de fermer du jour au lendemain la moitié du parc nucléaire et se donna dix ans pour sortir totalement du nucléaire : fin mars 2023, les trois derniers réacteurs allemands ont effectivement cessé leur activité ; l'Allemagne a également fortement poussé à la fermeture de la centrale française de Fessenheim, sur les bords du Rhin.

Quant au gaz, leurs ressources (on parle de 800 millions de m^3) ne peuvent être exploitées qu'en utilisant la technique de la fracturation pour produire ce que l'on appelle de manière un peu exagérée du « gaz de schiste ». La contestation de cette technique commença en 2008 et se solda en 2017 par une loi proposée par le gouvernement Merkel interdisant la fracturation (la France avait fait de même un peu plus tôt).

Moins de charbon, pas de nucléaire, pas de gaz de schiste allemand ou importé et donc pas de terminaux de regazéification pour traiter du gaz naturel liquéfié (GNL) : les besoins allemands en gaz naturel pour la production d'électricité et pour l'industrie ne pouvaient être satisfaits que par des « tuyaux » en provenance certes de Norvège mais surtout de… Russie. Et en vingt ans, la part de la

Russie dans la consommation allemande de gaz passa de 30 % à 55 %. C'était au fond à l'époque un choix, certes lié à une longue histoire commune – avec l'Allemagne de l'Est – mais aussi tout à fait rationnel : le gaz russe était alors – presque – le moins cher de la planète. À l'origine, en effet, les contrats que les distributeurs européens passaient avec Gazprom, l'opérateur russe pour l'extraction, le traitement et le transport de gaz naturel, étaient indexés plus ou moins complètement sur le prix du pétrole. Mais avec la dérégulation du marché européen de l'énergie se développa un marché de gros qui, au bout de quelques années, se concentra sur une seule bourse, le TFF néerlandais. Pendant les deux premières décennies du XXIe siècle, le prix de marché du gaz naturel resta déprimé et il en fut de même à partir de 2008 aux États-Unis et sur le marché asiatique du gaz liquéfié. En Europe, les prix du gaz évoluaient entre 5 et 15 euros le MWh. Les gaziers européens firent pression sur Gazprom pour aligner les contrats sur les prix du marché. Et le gaz russe coula à flots à des tarifs imbattables (le charbon restait toutefois moins cher encore dans sa fonction thermique, au moins tant que le marché du carbone restait peu valorisé). À l'époque, les coûts de production des renouvelables étaient beaucoup plus élevés, et c'est pour ne pas les favoriser que le système de marché pour le prix de l'électricité, qui fut adopté au niveau européen, privilégia le coût marginal du dernier kWh du dernier producteur appelé, ce qui, dans l'esprit des initiateurs de ce modèle, devait être un kWh issu du renouvelable.

La dépendance au gaz russe avait toutefois déjà un talon d'Achille. Hérités du temps de l'URSS et du Comecon, les gazoducs traversaient la Pologne et surtout l'Ukraine. Celle-ci touchait des droits de transit qui, chaque année, faisaient l'objet d'âpres discussions et de véritables guerres du gaz, avec menaces de coupures à la clé. On doit reconnaître que la partie ukrainienne, facilement corruptible, n'était pas exempte de quelques responsabilités dans ces tensions. Quoi qu'il en soit, cela incita l'Allemagne à lancer la construction d'un gazoduc passant par la mer Baltique : ce fut Nord Stream I, dont la présidence était exercée par l'ancien chancelier Gerhard Schröder. Bientôt un deuxième gazoduc, Nord Stream II, vint le doubler, mais sa construction fut longtemps bloquée par l'embargo mis en place au lendemain de l'invasion de la Crimée, en 2014. NSII n'a été terminé qu'en 2021 et n'a jamais fonctionné.

Le modèle énergétique allemand, qui s'imposa peu à peu au reste de l'Europe, était donc le suivant : un peu de charbon, voué quand même à disparaître, pas de nucléaire, pas de gaz de schiste et donc peu de GNL, des énergies renouvelables, une lente électrification de l'économie (avec un net retard de l'industrie automobile), et donc du gaz coulant par les tuyaux en provenance de Russie et, plus loin, d'Asie centrale. Jusqu'en 2019, avec du gaz à 10 euros et de l'électricité à 40 euros le MWh, le choix semblait raisonnable et satisfaisait tant l'écologie que l'idéologie, avec même une dose de géopolitique, en maintenant les liens avec la Russie de Vladimir Poutine. Jusque là, tout allait bien…

Quelques grains de sable

La rupture est intervenue en 2021. La pandémie avait provoqué en 2020 un effondrement des prix de l'énergie, qui atteignirent leur plancher à la fin du printemps. La reprise économique partie de Chine et des États-Unis surprit par sa vigueur. Si le marché du pétrole fut assez lent à rebondir, ce ne fut pas le cas de celui du gaz. Début 2021 déjà, un hiver asiatique particulièrement rigoureux provoqua l'envolée des prix du GNL, à 40 dollars le MBtu (Million British thermal unit, équivalent de 240 dollars le baril équivalent pétrole). En Europe, c'est l'été qui se révéla difficile : une « panne » de vent dans le Nord de l'Europe obligea à puiser dans les réserves de gaz, et l'on aborda l'hiver avec des stocks fort limités. Gazprom profita alors probablement de la situation : les contrats en cours furent honorés mais le producteur russe cessa d'approvisionner le marché libre européen. À l'époque, on y voyait surtout un moyen de pression pour l'ouverture rapide de Nord Stream II : celle-ci avait reçu le feu vert américain, mais les autorités judiciaires allemandes refusaient de laisser les Russes installer la société de gestion de NSII en… Suisse. À l'automne, le prix du gaz sur le TFF dépassa les 100, puis les 150 euros le MWh. Le gaz devenait soudain l'énergie la plus chère, et c'est sur son prix que se cala celui de l'électricité, qui frôla même un moment les 400 euros le MWh.

Dans un premier temps, rien ne changea, tandis que montait l'inquiétude climatique (on se souvient de la petite Greta Thunberg). Début 2022, l'Allemagne ferma encore trois centrales nucléaires. Discrètement, on se préoccupait quand même de l'insuffisance des capacités de regazéification européennes, mais la seule idée du gaz de schiste demeurait insupportable pour les partis politiques écologistes, qui jouent un rôle clé dans les fragiles équilibres politiques de pays comme l'Allemagne, l'Autriche ou les Pays-Bas.

C'est dans ce contexte qu'intervint l'invasion russe de l'Ukraine. On connaît la suite, l'enchaînement des sanctions, la prise de conscience de la dépendance européenne vis-à-vis du gaz russe, l'utilisation très subtile de l'arme du gaz par un Vladimir Poutine jouant de la fermeture pour raisons « techniques » des gazoducs (et surtout de NSI) pour détacher quelques maillons faibles, et l'Allemagne au premier chef.

Au fil des semaines, la perspective d'une coupure totale des livraisons de gaz russe à l'Europe s'est renforcée peu à peu. Celles-ci n'ont pu être compensées que de manière partielle, et au prix d'un rétropédalage qui fait frémir – à juste titre – les idéologues des Verts : relance du charbon un peu partout (et même en France), importations de GNL y compris en provenance des États-Unis (donc gaz de schiste…), location à prix d'or de terminaux flottants de regazéification (Floating Storage and Regasification Unit ou FSRU), relance du nucléaire aussi : en Allemagne, les Verts ont même dû accepter la prolongation pour quelques mois des trois dernières centrales en échange du plafonnement de la vitesse sur les autoroutes.

Tout cela a un prix, celui du gaz et de l'électricité (et même du charbon) qui, en septembre 2022, a battu tous les records à plus de 300 euros le MWh sur le TTF. Par la suite, grâce à un début d'hiver clément et donc une faible ponction dans les stocks, on a assisté à une légère détente et, au début du printemps 2023, le TTF était revenu au-dessous de 50 euros le MWh. Mais la menace demeure. Face aux dettes héritées de la Covid-19, désireux quand même de protéger les ménages, les États se sont trouvés confrontés à l'éternel dilemme « des prix exorbitants ou des dettes colossales », pour reprendre l'expression d'un ancien ministre polonais de l'Énergie en juillet 2022.

D'après le FMI, la fermeture du robinet russe coûterait 1 % du PIB à l'Union européenne dans un scénario optimiste, 2 % dans l'hypothèse la plus pessimiste. Voilà au fond le prix d'une transition énergétique dans laquelle l'idéologie l'a trop souvent emporté sur la raison.

Redéfinir la transition énergétique européenne

Tout a changé mais certainement pas les objectifs, qui restent une large décarbonation de l'économie à l'horizon de la fin du siècle. Les objectifs plus ambitieux affichés par les uns et les autres, avec des horizons à 2040 ou 2050, ne sont malheureusement pas réalistes à l'échelle de la planète. Quand on voit les difficultés de l'Europe à se séparer du charbon, que dire de l'Inde et de la Chine ? La Chine peut avoir la plus importante flotte au monde de véhicules électriques, les deux tiers de son électricité sont produits par des centrales thermiques à charbon et, en 2021 et 2022, la Chine tout comme l'Inde, confrontées à des sécheresses et donc à la baisse de la production hydroélectrique, ont vu leurs importations de charbon augmenter encore.

Concernant les énergies fossiles, il faut en accepter au moins une gradation, convenir que le gaz naturel est la moins carbonée d'entre elles et devrait être la grande énergie de la transition du XXIe siècle, tant pour les pays avancés que pour les pays émergents. Le débat autour du gaz de schiste (et de tous les gaz non conventionnels) devrait être abordé de manière plus sereine au-delà des a priori idéologiques : par exemple dans les bassins américains de faible profondeur. En revanche, de telles conditions géologiques ne se retrouvent pas partout.

Le champ des énergies renouvelables devra aussi évoluer, et c'est probablement là que les innovations les plus importantes pourront voir le jour : au-delà du solaire et de l'éolien, nous devrions entrer dans l'ère de la biomasse au sens le plus large. Avec l'hydrogène, les techniques de stockage et de transport devraient permettre aussi de réduire le problème de l'intermittence actuelle des éoliennes et autres panneaux solaires.

Cependant, pour des économies dont l'intensité électrique ne cessera d'augmenter, tout cela risque d'être insuffisant, au moins dans un premier temps. Pour les pays qui en ont les capacités technologiques et sécuritaires, le recours au nucléaire est une voie à approfondir.

Les différents accidents qui ont émaillé l'histoire de l'énergie nucléaire, et en particulier Fukushima, avaient semblé en sonner le glas. On assiste aujourd'hui à un renouveau inexorable, avec plus d'une cinquantaine de réacteurs en construction dans le monde (dont en Chine et en Inde). Cela étant, le temps du nucléaire est un temps d'autant plus long que les mesures de sécurité qui l'entourent sont devenues draconiennes. Les menaces que la guerre en Ukraine fait peser sur les centrales ukrainiennes montrent aussi que le développement de filières nucléaires restera pour longtemps limité à quelques régions dans le monde. Enfin, on ne peut négliger la peur viscérale que peut engendrer le nucléaire, ses dérives militaires tout comme les problématiques liées aux déchets.

Dans le cas européen, la relance du nucléaire apparaît comme une évidence, et en particulier pour un pays comme la France, qui en a fait longtemps l'axe majeur de sa production électrique. Avec un peu de recul, la Programmation pluriannuelle de l'énergie (PPE) adoptée en avril 2020, avec l'objectif de passer de 70 % à 50 % de part du nucléaire dans la production électrique en 2035, apparaît particulièrement absurde et semble avoir été contredite dès le printemps 2022. Mais la France, qui produisait plus de 400 TWh au début des années 2010, en a produit moins de 300 en 2022. On mesure là l'effort à faire…

Source d'énergie parfaitement décarbonée, à l'origine d'une énergie « propre », le nucléaire est une carte que l'Europe ne peut pas négliger. Pour une fois raisonnable en ce domaine, le Parlement européen a inclus le nucléaire, tout comme le gaz naturel, dans la taxonomie européenne.

La guerre en Ukraine aura eu au moins le mérite de mettre en évidence les faiblesses d'une transition énergétique bâtie sur un modèle allemand, ou rhénan au sens le plus large, caractérisée par la dépendance aveugle aux fournitures de gaz russe. On peut bien sûr espérer diminuer cette dépendance par d'autres sources d'importation, mais les généraux algériens ne sont guère plus fiables (l'Espagne et le Maroc en savent quelque chose), et l'Australie et le Qatar sont naturellement orientés vers l'Asie, dont les besoins en gaz sont eux aussi en forte croissance. De toute évidence, les prix du gaz ont fort peu de chances de revenir à leur niveau d'avant 2019.

Le choc sur les prix de l'énergie va aussi relancer la dynamique des renouvelables, leur deuxième génération, celle de la biomasse, et celle à plus long terme de l'hydrogène vert pour le transport et le stockage. En toute logique, il devrait aussi mettre un terme au déclin du nucléaire en Europe, préparer les nouvelles générations de réacteurs (EPR et autres), et contribuer à une souveraineté énergétique que l'on avait un peu oubliée ces dernières années.

Villes et énergie : bienvenue dans l'ère de l'Urbanocène !

Cécile Maisonneuve
Conseillère au Centre Énergie & Climat
de l'Institut français des relations internationales (Ifri)
et auprès de l'Institut Montaigne

Parler de ville et d'énergie, c'est accepter de relever un double défi. Le premier tient à la difficulté de comprendre ce qu'est une ville et donc de se départir d'un vieux réflexe consistant à penser le territoire au prisme de l'éternelle dichotomie entre ville et campagne. La ville n'est pas que la ville-centre, avec sa densité de population et de bâti, ses réseaux de transports, ses larges espaces publics, etc. Un quartier pavillonnaire en zone périurbaine est autant une ville que le centre-ville autour de la mairie et de l'église. Pour comprendre les enjeux énergétiques de la ville et agir sur la transformation du système, c'est bien l'ensemble des formes urbaines qu'il faut considérer, ainsi que les modes d'habiter divers qu'elles impliquent.

Pour relever le second défi, c'est une autre représentation mentale fallacieuse qu'il convient de remettre en cause, à savoir l'idée que parler de ville, c'est parler de bâtiments, d'espaces publics, de monuments, bref, d'un ensemble d'objets statiques. La ville n'est pas l'immobilier. Historiquement, les villes sont nées autour des grands canaux de communication, comme le rappelle Francis Pisani[1]. « La ville est née avec la route », nous avertissait l'historien Georges Duby. Ce qui définit la ville, c'est avant tout le flux, qu'il s'agisse des échanges de biens et d'argent, des réseaux d'infrastructures (route, eau, électricité, gaz, numérique...) mais aussi de biens immatériels – le savoir, le réseau relationnel... À cet égard, la ville comme système d'organisation des flux et l'énergie comme flux vital entretiennent des liens consubstantiels.

À l'heure de la crise climatique, il faut ajouter un troisième défi, qui est au cœur de la question urbaine au XXIe siècle : comment faire pour que le siècle des villes soit aussi celui des villes habitables et agréables à vivre ? Car cette ville des flux, aux formes urbaines diverses est aussi et avant tout fille des énergies fossiles et notamment du pétrole : environ 65 % de l'énergie primaire disponible est consommée dans les agglomérations, qui comptent pour environ 70 % dans les émissions de gaz à effet de serre, essentiellement dues à la fourniture d'énergie pour l'éclairage, le chauffage, le froid et les transports. Or, chaque semaine, ce sont 1,5 million

---

1. Francis Pisani, *Smart About Cities*, Netexplo, 2020, https://netexplo.com/smart-about-cities/

d'individus dans le monde qui deviennent des urbains. Entre 2000 et 2050, autant d'êtres humains auront rejoint les villes qu'entre l'époque des premières cités mésopotamiennes (5 000 ans avant Jésus-Christ) et l'an 2000, soit 3 milliards de personnes. D'ores et déjà, comme l'écrit Francis Pisani, « le futur de la planète et celui des villes est tellement lié aujourd'hui que nous devrions qualifier la période dans laquelle nous vivons d'Urbanocène plutôt que d'Anthropocène ».

Dans cette optique, comment faire converger ces deux dynamiques que sont l'urbanisation du monde à grande vitesse et la transition écologique, afin de préserver l'attractivité des villes, fers de lance du développement humain ?

Urbanisation et décarbonisation des activités humaines : deux dynamiques inéluctables

Pas plus que les grandes pandémies de l'histoire, la crise sanitaire qui s'est ouverte en 2020 avec la Covid-19 n'aura eu raison de l'attractivité des villes. Les sombres pronostics sur l'exode urbain ne se sont pas vérifiés dans les faits. Tout au contraire, dans un monde où se succèdent et se cumulent les crises – sanitaire en 2020, énergétique en 2021, géopolitique en 2022 et peut-être alimentaire et migratoire en 2023 –, les villes affirment plus que jamais leur double fonction de protection et de développement. Chaque bouleversement suscitant de vastes déplacements de population le prouve : c'est dans les villes allemandes que se massent, en 2015-2016, les réfugiés syriens, et c'est dans les rues de Bogota que s'observe l'ampleur de la crise vénézuélienne, le Venezuela étant le pays au monde dont la population a le plus diminué dans la décennie 2010, du fait de l'émigration massive suscitée par l'appauvrissement dramatique du pays. Les réfugiés le disent à leur façon : la ville protège et offre la promesse de nouveaux projets, d'une nouvelle vie. Si chaque année se construit l'équivalent dans le monde de 2,3 Tokyo ou de 213 Bilbao, c'est parce que la ville reste le lieu des opportunités qui permettent aux individus d'échapper à la pauvreté et à un destin familial ou culturel sur lequel ils n'ont pas prise, pour y construire un projet personnel, professionnel et familial.

Reste que l'urbanisation du XXIe siècle ne peut s'effectuer selon les mêmes modalités qu'aux XIXe et XXe siècles, celles de la révolution industrielle permise par le charbon puis celles de la révolution des mobilités structurée par le pétrole. Largement façonnées par la civilisation automobile, les villes des siècles passés sont fondées sur la consommation abondante des ressources, que ces ressources s'appellent énergie, eau ou espace. Dans le contexte de la transition écologique, cette approche n'est plus viable. Gardons-nous pour autant d'inverser paresseusement le paradigme : les discours sur la ville productive sont aussi peu crédibles que ceux qui prônent le *statu quo*, dans la mesure où ils procèdent d'un contresens. Ils postulent implicitement que la ville d'aujourd'hui serait improductive. Tout au contraire : la contrepartie de cette intense consommation de ressources est l'extraordinaire capacité des villes à produire des services, de la mobilité – la ville européenne est à cet égard autant, voire davantage une ville des transports publics que de l'automobile –, d'accès aux services sociaux, qu'il s'agisse d'éducation ou de santé – dont témoigne à l'inverse le débat sur les déserts médicaux –, d'accès à l'énergie – le fameux « eau et gaz à tous les étages » qui fleurit sur les façades d'immeubles parisiens à la fin du XIXe siècle comme autant d'hymnes à la modernité. L'enjeu de l'urbanisation du XXIe siècle consiste donc non pas à rendre la ville productive, mais à réduire l'usage des ressources en accroissant la qualité et la fiabilité des services, tout en en garantissant *a minima* l'existence dans le monde en développement où domine l'informel.

Villes et énergie : quels leviers d'action ?

Très concrètement, les leviers sur lesquels les villes peuvent agir en matière énergétique concernent très marginalement la production d'énergie. En effet, elles n'ont ni la compétence ni la capacité (contrainte d'espace) en la matière, ou alors de manière extrêmement limitée, comme le rappelle ce tableau du C40 Cities, un réseau qui rassemble les 94 plus grandes villes du monde, représentant 25 % du PIB mondial.

System	Percentage of C40 Cities with « Strong Power » to			
	Own/ operate	Set/Enforce Policies	Control budget	Set vision
Energy supply	27 %	32 %	15 %	25 %
Energy efficiency	57 %	68 %	29 %	39 %
Transportation	53 %	54 %	35 %	44 %
Waste management	53 %	56 %	35 %	44 %

Source : C40, « Powering Climate Action », juin 2015, p. 16.

Ainsi, quand Melbourne vise un 100 % renouvelable, cet objectif s'appuie sur l'hypothèse qu'un prix du carbone viendra modifier le mix australien, composé aujourd'hui de 79 % d'énergies fossiles (soit 56 % de charbon, 21 % de gaz et 2 % de pétrole), et nullement sur la capacité de la ville à modifier son mix énergétique. La réalité, sur le plan mondial, est que la plupart des villes sont largement approvisionnées en électricité produite à partir du charbon, et que rares sont celles qui peuvent se prévaloir d'un approvisionnement en électricité quasiment totalement décarboné, à l'instar d'Oslo, de Paris, de Seattle et de Vancouver (grâce à des mix fondés sur l'hydroélectricité, le nucléaire et l'éolien). La capacité d'action de ces villes dans les domaines de l'efficacité énergétique, du transport et du traitement des déchets est nettement plus importante.

La valeur ajoutée de l'échelle urbaine va en réalité bien au-delà de ces modalités d'intervention directe en matière énergétique. Le vrai défi de la transition énergétique et écologique réside dans une approche systémique qui nécessite de nouveaux cadres de pensée et d'action. Pour prendre l'exemple de la mobilité, l'enjeu n'est pas seulement de passer de la voiture thermique à la voiture hybride et électrique, mais d'en éviter l'usage ou de le remplacer par d'autres modes de transport. Une telle transition ne se décrète pas : elle se construit et s'expérimente. Là réside l'avantage comparatif des espaces urbains. Concentrant les humains, donc les échanges, les débats et la créativité, les villes ont toujours été des foyers d'innovation : la Renaissance naît à Florence, la révolution industrielle à Manchester, et il n'y aurait pas de révolution numérique sans San Francisco et la Silicon Valley. De même, c'est dans les villes, lieux de consommation intensive des ressources, que s'inventent les solutions à la crise climatique.

Singapour, cas d'école de la ville sous contrainte de ressources

L'hypothèse d'un territoire urbain qui doit désormais se concevoir et se vivre comme étant sous contrainte de ressource en eau, espace ou énergie n'est pas un cas d'école. La cité-État de Singapour en offre un exemple particulièrement riche d'enseignements. Rien ne destinait ce territoire coincé entre la mer et son voisin malais, contraint de composer avec un territoire limité en terres et en ressources naturelles, à devenir une puissance régionale et un lieu d'innovation urbaine et technologique de premier plan[1]. La recette singapourienne est à méditer : mélange d'innovation, de planification intégrée, de volontarisme politique et d'ouverture au monde, elle repose sur la prise en compte systématique du long terme et sur un rôle inédit de la prospective, en amont de la planification territoriale. Dans un contexte de fort accroissement démographique, de construction massive de tours de logements et de bureaux, la surface des espaces verts, qui représentait 35 % du territoire lors de l'accession de Singapour à l'indépendance, en 1965, atteint presque la moitié de celui-ci aujourd'hui.

Si la situation politique, géographique ou sociale de Singapour, État autant que cité, n'est certes pas transposable, il serait cependant hâtif d'écarter du revers de la main la grande leçon singapourienne. Car l'histoire que nous raconte Singapour est, au-delà de la réussite d'un système sociopolitique particulier, celle des raisons profondes de la longévité et de l'attractivité des villes alors que s'accélère dans le monde le mouvement de métropolisation. L'analyse que nous en livre le géopoliticien Parag Khanna, par ailleurs citoyen indien et américain résidant à Singapour, est éclairante : « La géographie fonctionnelle est maintenant

---

1. Cécile Maisonneuve, « Climat, santé et territoires : agir aujourd'hui pour le long terme », *Risques*, 2022.

plus importante que la traditionnelle. Notre modèle mental doit évoluer. […] C'est la géographie des services (*utilities*) par opposition à celle de la souveraineté, celle de comment nous utilisons le monde, celle de l'économie, celle des ressources. C'est l'incarnation (*embodiment*) de ce qui permet le jeu de l'offre et de la demande qui ne peut avoir lieu sans l'infrastructure de connectivité, plus importante que les frontières. Villes et infrastructures durent plus longtemps que les pays[1]. » Et le géopolitologue d'insister : « L'importance d'une ville tient d'abord à la concentration de flux. Ville immense, Mexico n'est pas un "hub" global. La puissance provient plus de la concentration des flux que du contrôle du territoire ou de la taille, comme le montre le cas de Singapour. »

Cette analyse de la connectivité comme fondement, au XXIe siècle, de la puissance urbaine est fondamentale au regard de la transition environnementale. Elle signifie que, loin de reposer sur quelque utopie autarcique, la transition vers une ville plus économe en ressources passe au contraire par une fine compréhension des flux qui la traversent et par la capacité à les mettre au service du projet urbain. Ainsi, lorsque Singapour crée, à l'automne 2020, son nouveau laboratoire d'innovation urbaine, associant plus de 30 entreprises internationales rassemblées dans le Singapore Science Park, au profit d'un projet de démonstration de ce que les Nations unies appellent la « *Climate-Smart City* », elle s'inscrit exactement

1. Francis Pisani, *op. cit.*

dans la logique de géographie fonctionnelle décrite par Khanna : une géographie rendue possible par les technologies numériques, au cœur d'une relation nouvelle entre ville, énergie et urbanisme.

L'alliance entre le « smart » et le « green » : quand le numérique dans la ville trouve son sens

Villes et nouvelles technologies avaient toutes les raisons de se rencontrer. Démographiques d'abord : les villes produisent massivement des données, étant l'endroit où se concentrent les activités humaines. Qui plus est, lieu de production de services multiples, elles sont de ce fait le terrain privilégié d'application des technologies numériques. Gestion d'infrastructures de réseaux, approche servicielle, mise en réseau d'acteurs hétérogènes, agrégation en temps réel entre offre et demande (par exemple, la demande de mobilité individuelle) sont autant de champs d'intervention privilégiés des nouvelles technologies et du big data dans l'espace urbain.

Après une première période marquée par une relation compliquée entre l'urbain et le numérique, qui a vu l'économie des plateformes perturber l'économie urbaine traditionnelle, que ce soit dans le marché immobilier (Airbnb), le commerce (Amazon) ou la mobilité (Waze, Uber...), ce qu'il est convenu d'appeler la *Smart City* est en passe de trouver sa raison d'être urbaine. C'est San Francisco, berceau de la *tech*, qui a donné le *la*, à travers la voix du président du Conseil des superviseurs – l'organe législatif du gouvernement de la ville – lorsqu'il a annoncé, en octobre 2019, la création d'un Bureau des technologies émergentes, devant lequel les entreprises de la *tech* devaient prouver l'impact de leur technologie sur le bien commun. « En tant que ville, nous devons nous assurer que ces technologies aboutissent en fin de compte à un bien commun net et que nous évaluions les coûts et les avantages afin que nos résidents, nos travailleurs et nos visiteurs ne deviennent pas involontairement les cobayes des nouvelles technologies. »

Dans ce nouvel équilibre entre l'urbain et le numérique, la *Smart City*, ville intelligible plutôt que ville intelligente, s'impose comme nouvelle manière de faire la ville. En premier lieu, les technologies numériques, par la collecte de données massives, donnent à comprendre le système urbain : comment les flux de mobilité fonctionnent-ils ? Comment les flux d'air circulent-ils ? C'est ainsi, par exemple que, dans le cadre d'une opération d'aménagement urbain, la ville de Strasbourg a modifié certains projets architecturaux, la simulation des flux de particules fines ayant prouvé que la configuration initiale des bâtiments conduisait à concentrer celles-ci… dans une cour d'école. En second lieu, ces technologies renouvellent l'approche des politiques publiques – santé, logement mobilité – par leur nature intrinsèquement transversale. L'exemple des jumeaux numériques urbains (réplique numérique d'un objet réel), à l'instar de celui développé par la métropole de Rennes, est particulièrement frappant : ils fonctionnent comme une nouvelle grammaire commune, permettant d'associer les différents services ou agences de la ville, les acteurs privés – plus encore dans le cadre de la promotion de l'open data dont Rennes est l'une des pionnières en France –, voire les citoyens. La pandémie a achevé d'en démontrer la pertinence quand ils ont été utilisés pour mieux calibrer les capacités d'accueil des services de santé. Le numérique devient ainsi un outil d'anticipation et une brique fondamentale des politiques de résilience urbaine. Appliqués au domaine climatique, les jumeaux numériques sont appelés à jouer un rôle majeur dans l'anticipation des effets de la crise climatique, tant en matière d'inondations que de pics de chaleur.

En outre, la capacité des technologies numériques à ouvrir de nouveaux espaces de dialogue avec les habitants devrait leur conférer un rôle de plus en plus important, du fait de la demande sociale émanant des citoyens qui veulent devenir acteurs de la transition. S'agissant par exemple de la réduction des émissions de gaz à effet de serre provenant de l'usage des bâtiments, il devient patent, face aux limites des techniques classiques de rénovation énergétique (effet rebond), que les objets communicants (compteurs intelligents, produits, soit petit et gros électro-ménager…) et les nouveaux services énergétiques qu'ils portent vont jouer un rôle au moins aussi important que les outils traditionnels de rénovation. À travers les objets du quotidien et l'internet des objets, le secteur énergétique invente de nouveaux leviers pour résoudre la crise climatique.

Villes et territoires : l'ère des complémentarités

Plus encore, ce que le numérique révèle de l'urbain, c'est sa nature profonde : l'urbain est un système complexe dynamique. L'action politique et le débat public se sont construits autour de l'idée que ce qui fait la ville, ce sont des lieux, alors qu'en réalité, ce qui fait la ville, ce sont les liens – avec le territoire environnant, avec les autres villes, même lointaines. Les travaux scientifiques les plus récents pointent tous dans cette direction : en attestent les « systèmes urbains » mis en avant par la géographe Nadine Cattan, les archipels métropolitains de Pierre Veltz ou encore l'importance des liens soulignée par l'économiste Olivier Bouba-Olga.

Au regard de la décarbonisation de notre système économique, un *aggiornamento* des politiques publiques sur la base de cette géographie des liens est nécessaire. L'aménagement du territoire à l'ère de la transition écologique ne consiste plus à distribuer tant de milliards aux villes moyennes, telle compétence à la métropole ou à négocier de nouveaux contrats bilatéraux entre l'État et les petites villes. En matière de mobilité par exemple, qui représente en France le premier poste d'émissions de gaz à effet de serre, les trajets automobiles dans la périphérie urbaine ou entre périphéries et centres urbains représentent 78 % des émissions liées à la mobilité routière, contre 2 % pour celles provenant des centres-villes et 20 % provenant de l'espace rural. Décarboner signifie dans ce contexte adopter une approche territoriale structurée autour des bassins de vie et d'emploi, et non en opposant centre-ville et périphérie ou ville moyenne et métropole.

Ce constat est vrai pour la mobilité des personnes, il vaut tout autant pour la mobilité des biens et services. « Qu'elle ait le visage de l'*Ever Given* bloquant six jours le canal de Suez, d'un lot de doses Pfizer, d'un camion de livraison diesel bloquant la rue ou d'un entrepôt en périphérie de ville, la question logistique s'impose pourtant dans l'agenda politique. Elle y restera, ne serait-ce que pour des raisons environnementales. C'est une excellente chose. D'abord parce que la mobilité des biens et celle des personnes ont partie liée : la réduction des déplacements entre domicile et travail et l'accentuation des pratiques de télétravail vont induire de nouveaux flux de biens et services. Ensuite, la question logistique met sous les feux de la rampe la France des périphéries et du périurbain, une France appréciée et recherchée par nos concitoyens comme l'a montré le sondage Kantar sur les villes moyennes publié en novembre dernier par La Fabrique de la Cité[1]. »

À l'heure de la transition écologique, le maillage des entrepôts logistiques sur le territoire est une question qui croise l'évolution des formes de travail, la numérisation de nos vies et l'aspiration à accéder à un haut niveau de services, où que l'on vive sur le territoire. À ce titre, c'est une question urbanistique de premier plan. Dit autrement, décarboner la mobilité des personnes comme celle des biens revient à concilier l'urbanisme de la vitesse tel qu'il

---

1. Cécile Maisonneuve, « Plaidoyer pour l'entrepôt », *L'Express*, 18 avril 2021.

a été pratiqué au XXe siècle avec un urbanisme de la proximité et de l'accessibilité tel qu'il est en train de s'inventer.

Ville et énergie : la transition vers la neutralité carbone rebat les cartes de ces deux systèmes complexes que sont les systèmes urbain et énergétique. Du fait de leur caractère à la fois inertiel et dynamique, il est illusoire de croire que cette transition s'effectuera de manière linéaire. La crise des Gilets jaunes peut d'ailleurs être lue comme l'une des premières manifestations de ce frottement entre les deux systèmes.

Aucun outil, qu'il s'agisse de la planification étatique ou du numérique, ne pourra à lui seul lisser cette transition. Il s'agit au contraire de croiser les approches et les outils sans jamais perdre de vue la nécessité d'une action systémique, sur le temps long, à rebours des coups d'éclat ponctuels ou symboliques. « Le temps, c'est la toile dont je suis à la fois l'araignée et la mouche. » Ces mots du prospectiviste, économiste et humaniste qu'était Jacques Lesourne sonnent particulièrement juste aujourd'hui. Ils nous disent que face à l'immense défi de la transformation de nos systèmes énergétiques, les approches traditionnelles, en silo, nous exposent à être la mouche quand la pensée systémique et la conduite ardue et patiente des transitions qu'elle implique nous permettent d'être l'araignée qui tisse la toile du futur.

La place de l'électricité dans un monde zéro carbone

Catherine Bauby
Directrice de la stratégie, EDF

Nous serons bientôt 9 milliards d'habitants sur la planète, avec une équation à résoudre : comment répondre à des consommations croissantes d'énergie tout en arrivant à lutter contre le dérèglement climatique et ses conséquences majeures (biodiversité, modes de vie, capacité à vivre dans certaines zones du globe, etc.) ? S'ensuivent naturellement plusieurs questions annexes : quels modèles, quelles solutions privilégier et à quel rythme ? Et quelle est l'ampleur de cette transformation majeure à laquelle nos sociétés devront faire face ?

En signant l'accord de Paris, 193 pays se sont engagés à limiter l'augmentation de la température moyenne à 2 °C, et si possible 1,5 °C. Pour cela, ils se sont engagés, conformément aux recommandations du GIEC, à atteindre la neutralité carbone au cours de la deuxième moitié du XXIe siècle au niveau mondial. Les pays développés sont appelés à atteindre cette neutralité le plus rapidement possible. La France s'est ainsi engagée, avec la deuxième édition de la Stratégie nationale bas carbone[1] (SNBC) adoptée en 2020, à atteindre la neutralité carbone à l'horizon 2050.

Toutes les études sur le changement climatique, dont l'ensemble des travaux du GIEC, le rappellent : l'atteinte de la neutralité carbone en 2050 suppose avant tout de décarboner nos consommations d'énergie.

En effet, les combustibles fossiles représentent 60 % de l'énergie que nous consommons en France – soit 80 % dans le monde. Ces combustibles sont omniprésents dans notre quotidien (pour nous chauffer ou nous déplacer), dans notre industrie et nos usines.

Prenons l'exemple de la France. Le transport est le secteur le plus émetteur de gaz à effet de serre. Il est à l'origine d'environ 40 % des émissions liées à la consommation d'énergie, qui sont tendanciellement en hausse. L'industrie est le second secteur émetteur, avec environ 25 % des émissions de gaz à effet de serre. Enfin, le bâtiment – logements et tertiaire – est à l'origine d'environ 20 %[2].

---

1. La Stratégie nationale bas carbone décrit la feuille de route de la France pour conduire la politique d'atténuation du changement climatique. Elle donne des orientations pour mettre en œuvre la transition vers une économie bas carbone dans tous les secteurs d'activité. Elle définit des objectifs de réduction des émissions de gaz à effet de serre à l'échelle de la France à court et moyen terme – les budgets carbone – et a deux ambitions : atteindre la neutralité carbone, c'est-à-dire zéro émission nette, à l'horizon 2050 (objectif introduit par le Plan climat de juillet 2017 et inscrit dans la loi), et réduire l'empreinte carbone des Français.

2. Source : CITEPA SECTEN de juillet 2021.

Face à cette situation, quels sont les leviers pour agir ?

Notre action doit se situer à deux niveaux : d'une part consommer « moins » d'énergie, mais aussi consommer « mieux », sans émettre de CO_2. Cela se fera en basculant résolument les usages fossiles vers des solutions non polluantes pour l'atmosphère.

L'électrification des usages est le premier levier de décarbonisation de nos économies. En effet, l'électricité est la clé pour réussir la transition écologique car elle dispose de deux caractéristiques fondamentales :

- il s'agit, d'une part, d'un vecteur d'efficacité énergétique, c'est-à-dire que pour un usage donné, elle permet de consommer moins d'énergie (multipliant les rendements par deux à trois dans le cas du véhicule électrique ou de la pompe à chaleur, par exemple) ;
- il s'agit, d'autre part, d'un vecteur de décarbonisation, car nous savons dès aujourd'hui produire massivement de l'électricité décarbonée grâce à des technologies de production non émettrices d'ores et déjà matures (nucléaire, hydraulique, éolien terrestre et maritime, solaire).

En France, notre système électrique dispose d'une longueur d'avance par rapport à d'autres pays européens : il est en effet déjà décarboné à plus de 92 %.

Comment se projeter dans monde zéro carbone ?

Si l'on regarde concrètement du côté de la France et selon la feuille de route de la SNBC, il est projeté que l'énergie consommée annuellement en France sera divisée presque par deux entre 2015 et 2050. Dans le même temps, la part de l'électricité dans cette énergie consommée va quant à elle augmenter et ainsi passer de 25 à plus de 55 % d'ici 2050. C'est une tendance et un ordre de grandeur partagés en Europe : l'Allemagne, le Royaume-Uni ou même l'Union européenne projettent tous une part de l'électricité supérieure à 50 % dans les mix énergétiques à l'horizon 2050.

L'électrification du secteur du transport (mobilité des personnes et des biens) est un objectif prioritaire de la SNBC : ainsi, la consommation d'électricité du secteur, – 15 TWh par an en 2015 – devrait atteindre 95 TWh par an en 2050. Nos bâtiments résidentiels et tertiaires consomment aujourd'hui respectivement 160 TWh et 130 TWh : ces consommations tendront respectivement vers 130 TWh et 115 TWh. En effet, si de nouveaux usages vont provoquer une hausse des consommations, celle-ci sera compensée par les économies d'énergie permises par la rénovation thermique des bâtiments et une meilleure efficacité énergétique (installation de matériels plus performants tels que pompes à chaleur ou chauffe-eau thermodynamiques). L'industrie, quant à elle, sera massivement concernée par l'électrification : la consommation annuelle passera de 115 TWh à 180 TWh.

À cet ensemble vient s'ajouter le secteur émergent de la production d'hydrogène : produire de l'hydrogène (par électrolyse) sera nécessaire pour décarboner certains secteurs qui ne pourront pas être électrifiés (certains processus industriels, les transports lourds). Plusieurs dizaines de TWh d'électricité seront ainsi nécessaires pour produire cet hydrogène.

En regroupant tous les secteurs de notre économie, la SNBC projette une consommation d'électricité de 635 TWh en 2050, soit une augmentation de 35 % par rapport à aujourd'hui. Le gestionnaire du réseau de transport d'électricité, RTE, mandaté par l'État pour réaliser l'étude prospective *Futurs énergétiques 2050*, confirme ces tendances : toutes les variantes et tous scénarios étudiés concluent à une hausse de la consommation électrique.

Produire cette électricité sera donc un défi de taille. La stratégie industrielle de la filière électrique doit anticiper ces besoins afin de planifier judicieusement la construction du parc de production électrique de 2050. La stratégie énergétique d'un pays étant un tout, la France devra s'engager dans l'efficacité énergétique, dans la réduction du recours aux énergies fossiles partout où cela est possible, accélérer massivement le déploiement des énergies renouvelables (EnR), consolider le socle du nucléaire et enfin continuer à investir dans l'innovation, dans les moyens pour compenser l'intermittence des EnR (nucléaire, hydraulique, stockage, autres moyens de flexibilité) ou encore la captation de carbone.

PARTIE II

VERS TOUJOURS PLUS D'ÉLECTRICITÉ EN FRANCE

Les besoins énergétiques en France ne vont pas en se tarissant mais sont au contraire de plus en plus importants. L'actualité récente, notamment avec la pandémie et le conflit en Ukraine, nous a démontré que notre indépendance est loin d'être acquise dans de nombreux domaines.

Ce sont cette fois Xavier Piechaczyk, Alexandre Saubot et Christophe Bouillon qui témoignent de la croissance des besoins énergétiques, notamment en électricité, et des nouveaux équilibres à trouver aujourd'hui. Philippe Ansel, Mathias Laffont et Gilles Babinet reviennent quant à eux plus précisément sur les facteurs de l'accroissement de la demande en électricité mais aussi, de fait, sur sa nécessité afin, entre autres fonctions, d'accélérer la décarbonisation de l'économie et de l'industrie en particulier. Des enjeux qui conduisent à un florilège de questions : qui décide, quels sont les projets, les solutions… ?

Entretien

Xavier Piechaczyk

Président du directoire du Réseau de transport d'électricité (RTE)

Au-delà de ses fonctions « au quotidien » de « transport d'électricité » et d'ajustement constant de l'offre à la demande d'électricité, RTE a véritablement une dimension prospective sur le sujet de l'énergie en France. Pouvez-vous expliquer votre méthode ?

Nous avons développé une expertise prospective en matière de fonctionnement du système électrique, donc de consommation et de production, à moyen terme mais aussi à long terme, à l'horizon 2050-2060. Cette expertise repose sur trois piliers. Le premier d'entre eux est la concertation avec les différents acteurs de l'énergie, des énergéticiens aux associations de consommateurs en passant par les ONG, les *think tanks* et les autorités de régulation, pour convenir des hypothèses techniques et économiques de consommation et de production. Nos différents scénarios intègrent donc la diversité des visions et des possibilités. Second pilier, la transparence de notre démarche, puisque les étapes des concertations, nos données et nos rapports sont rendus publics et accessibles à tous. Enfin, la modélisation, fondée sur un très grand nombre de paramètres et de variables, dont la météo et ses changements, qui ont un impact à la fois sur la consommation mais aussi sur la production, notamment des énergies renouvelables. C'est un travail savant, extrêmement documenté.

Pouvez-vous préciser ?

La première dimension structurante, c'est l'évolution de la consommation. Nous prévoyons, d'ici 2050, une baisse de la consommation globale d'énergie de l'ordre de 40 %, grâce à une forte augmentation de l'efficacité énergétique. Cette évolution de la consommation est associée à une électrification massive des usages. Demain, la consommation d'électricité devrait représenter 55 % de la consommation globale d'énergie, alors qu'elle n'est que de 25 % aujourd'hui. Pourquoi ? Parce que l'électricité décarbonée a vocation à se substituer progressivement à l'usage du pétrole et à une partie de ceux du gaz fossile. En face de cette consommation, il faudra produire beaucoup d'électricité. D'où nos six mix de production d'électricité, du « tout-renouvelable » au « très axé nucléaire ». Sachant que, même dans le scénario le plus « nucléarisé », avec 14 EPR, des SMR et des prolongations de réacteurs au-delà de soixante ans, la part des énergies renouvelables sera nécessairement conséquente.

En effet, vous avez publié le rapport *Futurs énergétiques 2050*, en vue de l'objectif zéro carbone à cet horizon. Quelle est votre vision de l'avenir de l'électricité ?

Cette étude est le fruit de deux ans de travail. Elle a été précédée, entre autres, de 40 réunions de concertation avec 120 organisations pour permettre à tous les acteurs de s'exprimer et d'être entendus. Nous avons établi trois scénarios de consommation à l'horizon 2050, du scénario « sobriété » au scénario « réindustrialisation profonde ». Notre scénario central projette une augmentation de la consommation d'électricité de 35 %, mais cela pourrait être plus si l'industrie la tire à la hausse, selon l'attractivité effective du pays.

Nous avons également construit six scénarios de mix de production d'électricité en 2050 : trois correspondent à des mix 100 % énergies renouvelables à terme, trois autres comportent du nouveau nucléaire de troisième génération (nouveaux EPR dits EPR2) dans des proportions variables et dans les limites de ce que la filière dit avoir la capacité de construire d'ici 2050. Ces derniers scénarios font aussi des hypothèses de durée de vie des centrales existantes et sur l'existence d'une technologie *small modular reactor* (SMR) civile.

Nous avons enfin modélisé le système électrique européen (17 pays), puis simulé son fonctionnement à chaque heure de chaque jour pendant quarante ans, sur la base de nos variantes de consommation et de nos scénarios de mix de production, en dimensionnant les flexibilités nécessaires, et ce pour 200 chroniques météo qui prennent en compte le dérèglement climatique. Pour la première fois, nous avons intégré dans notre travail cette dérive climatique en nous fondant sur les scénarios du GIEC, en partenariat avec Météo France. Il s'agit de calculs très complexes. Cette modélisation permet d'affirmer que tous les scénarios de RTE garantissent la sécurité d'approvisionnement du pays.

Pourquoi un plan 100 % nucléaire vous semble-t-il impossible ?

RTE, dans ses concertations, se fonde sur les avis des filières, y compris celle du nucléaire. Or, il en ressort que d'ici 2050 – notre objectif de neutralité carbone –, la capacité maximale industrielle de la France, vue d'aujourd'hui, est de construire 14 EPR2 et d'envisager environ 4 GW de SMR. Si nous posons en outre l'hypothèse que certaines tranches nucléaires pourraient être prolongées au-delà de soixante ans, ce qui reste incertain, la France atteindrait 51 GW de capacité nucléaire installée en 2050, ce qui est très insuffisant pour couvrir la consommation en hausse que nous projetons. Donc oui, dans un monde de neutralité carbone, où l'électricité est devenue la source d'énergie majoritaire, il est impossible d'envisager 100 % de nucléaire en 2050. C'est pour cela, mais aussi parce qu'il est toujours souhaitable de diversifier ses modes de production pour des raisons de résilience technique et technologique, qu'il est nécessaire de construire beaucoup de renouvelables le plus vite possible.

Certains disent pourtant qu'un mix 100 % renouvelable est impossible et que l'énergie renouvelable n'est pas pilotable…

Au même titre que le nucléaire, les énergies renouvelables ont des détracteurs ! Elles sont tributaires d'une forme d'acceptation dans les territoires. Mais tous les mix électriques que nous avons comparés dans *Futurs énergétiques 2050* garantissent la sécurité d'approvisionnement du pays et sont des chemins possibles pour atteindre la neutralité carbone. Ils demandent tous des efforts et sont complexes. Les difficultés ne sont simplement pas de même nature selon l'équilibre entre la part du nucléaire et celle des renouvelables. Les mix à très forte proportion de renouvelables (*a fortiori* 100 %) nécessitent des investissements massifs pour gérer la variabilité de la production, fortement liée à la météo : davantage d'interconnexions, de stations de transfert d'énergie par pompage (STEP), de batteries, de flexibilité de la consommation et de stockage *via* l'hydrogène. C'est d'ailleurs un des deux facteurs qui conduisent à constater que les coûts complets annualisés des mix comportant du nouveau nucléaire sont moins onéreux que ceux qui tendent vers le 100 % énergies renouvelables. En partant bien évidemment de l'hypothèse que la filière nucléaire comme celle des renouvelables tiendront l'objectif de leurs coûts de construction.

Entre le tout-renouvelable et le maximum de nucléaire, quel scénario RTE privilégie-t-il ?

RTE n'a pas à privilégier de scénario. Son rôle est d'éclairer le débat et la décision publics grâce à son expertise du fonctionnement du système électrique aujourd'hui et demain. Bien entendu, je ne peux que me féliciter que notre étude ait permis de rationaliser les débats, de les pacifier peut-être, afin que la France choisisse un chemin. Les décisions énergétiques engagent l'avenir du pays : sa souveraineté future, son attractivité future et son bien-être futur. Le seul pouvoir fondé pour prendre ce type de décisions à long terme est le pouvoir politique légitimement élu, et en aucun cas une entreprise, qu'il s'agisse de RTE ou d'une autre.

Entretien

Alexandre Saubot

Président de France Industrie

Pouvez-vous nous expliquer le poids de l'industrie française dans l'empreinte carbone ? L'industrie française est-elle très énergivore ?

Tout d'abord un chiffre : en l'espace de trente ans, l'industrie manufacturière française a divisé par deux les émissions de carbone de ses usines, et elle représente moins de 18 % des émissions nationales de gaz à effet de serre, loin après la mobilité et à un niveau comparable au logement et l'agriculture. Avec le secteur de la production d'énergie, l'industrie manufacturière a contribué à plus de 90 % de la baisse totale des émissions françaises entre 1990 et 2019. Si ce chiffre est en partie lié à la désindustrialisation relative de la France, il provient aussi des efforts d'efficacité énergétique et de décarbonation progressive des *process*. Ainsi, la France produit à ce jour le point de PIB le moins carboné des pays avancés, et notre pays représente désormais moins de 1 % des émissions mondiales de gaz à effet de serre ; selon le classement

Green Future Index de la *MIT Technology Review*, la France est le quatrième pays le plus vert au monde, derrière l'Islande, le Danemark et la Norvège.

En relatif, en effet, notre industrie est loin d'être la plus polluante, mais les exigences d'une décarbonation complète à horizon 2050 nous obligent à aller beaucoup plus loin. Comment ?

Si la décarbonation de l'économie française passe par la poursuite de celle de nos usines, de leurs *process* et de leurs produits, elle doit s'amplifier désormais par la décarbonation des usages quotidiens de ces derniers *via* le levier considérable d'une consommation plus écoresponsable, seule à même de réduire l'empreinte carbone de la France. Une décarbonation à demi assumée par les « consomm'acteurs » qui ne changeraient pas leurs usages se traduirait par d'énormes « fuites de carbone », donc des délocalisations d'usines, et par un retour de la désindustrialisation.

Le moteur essentiel de cette décarbonation est l'électrification généralisée de l'offre et de la demande, de la production et des usages. Comme le modélisait RTE, elle se traduira d'ici 2050 par une demande grandissante de production électrique, au-delà peut-être de nos prévisions actuelles si une prise de conscience s'opère massivement. Or, on commence à percevoir les limites des capacités de production énergétique installées actuellement. Pour éviter que l'écart ne se creuse dangereusement entre offre et demande, et conserver à la France son autonomie stratégique en matière d'approvisionnement énergétique, il est donc crucial de soutenir le déploiement de programmes d'investissements énergétiques massifs pour construire et financer rapidement de nouvelles capacités de production électrique, et de nouvelles infrastructures de réseaux de distribution.

Quels sont les atouts de la France pour réussir cette montée en puissance de l'électrification ?

Le mix énergétique de la France est un atout considérable. Il repose sur un parc électronucléaire pilotable, souverain, compétitif et principalement *made in France*, et un réseau électrique solide qui assure 67 % de son électricité avec un très faible niveau d'émission de gaz à effet de serre.

Si la décision de conforter cet actif historique est prise avec le programme « nouveau nucléaire » de construction de nouvelles centrales, reste à la mettre en œuvre en intégrant les nécessaires délais de concertation, d'autorisation, d'ingénierie et de construction qui prendront de longues années. D'ici 2050, la transition énergétique passera donc par la planification pragmatique d'un couplage entre « nouveau nucléaire » et énergies renouvelables.

Si on vous comprend bien, la production *made in France* a des chances d'atteindre les objectifs du zéro carbone plus facilement que d'autres productions étrangères ?

Aujourd'hui déjà, produire industriellement en France se révèle paradoxalement favorable au climat, compte tenu d'une part de notre mix énergétique très bas carbone, et d'autre part du standard élevé de notre réglementation environnementale. Nos importations des pays tiers lointains affichent une empreinte carbone très supérieure, compte tenu de leur mix énergétique beaucoup plus carboné et de politiques climatiques moins exigeantes.

Pour préparer l'avenir, les industriels français réunis au sein de France Industrie entendent concourir à l'objectif national 2050 de zéro émission nette de gaz à effet de serre. La réussite de la transition écologique reposera donc sur trois piliers :

- l'évolution des choix quotidiens de consommation décarbonée des Français en matière de déplacement, de logement, de chauffage, d'alimentation ou de communication ;
- les progrès de la recherche scientifique et de l'innovation, avec des solutions innovantes qui naissent essentiellement dans l'industrie. C'est pourquoi conforter notre stratégie de réindustrialisation est indispensable, à la fois pour bénéficier de solutions *made in France* et exportables, pour réduire nos émissions et celles du monde entier, et aussi pour favoriser la compétitivité de notre économie et financer notre recherche technologique ;
- l'adaptation des compétences des femmes et des hommes qui vont œuvrer pour cette transition énergétique, à commencer par la revalorisation des métiers du nucléaire et de tout le système électrique français. À l'instar de la grande aventure nucléaire qu'a connue la France des années 1980 (le plan Messmer, décidé

par le général de Gaulle), il convient de former tous les jeunes et de reconvertir tous les salariés désireux de contribuer par leurs nouveaux savoir-faire à cette nouvelle dynamique de reconstitution de notre potentiel énergétique décarboné. Je suis convaincu que notre pays a tous les atouts pour y arriver.

Entretien

Christophe Bouillon

Président de l'Association des petites villes de France (APVF) et homme politique

Les maires sont en première ligne sur bien des sujets économiques et sociétaux. En matière de politique énergétique, quelles sont les spécificités des petites villes françaises ?

Les petites villes, comme les grandes, ont des problématiques d'énergie classiques liées à l'activité humaine, au transport, au chauffage, à l'éclairage... avec des enjeux plus marqués autour de la mobilité, car la voiture y est essentielle. Mais ce qui caractérise le plus les petites communes, c'est la problématique de l'énergie dans l'industrie, car il ne faut pas oublier un fait majeur : 70 % des emplois industriels sont dans les villes de moins de 20 000 habitants. La réindustrialisation du pays passe par les petites et moyennes villes.

Quelles sont les solutions énergétiques mises en œuvre ?

Une chose est certaine, nos élus ont pris conscience que la meilleure option est un mix énergétique vertueux, c'est-à-dire un « bouquet » énergétique composé de plusieurs sources d'énergie et dans lequel la part des énergies carbonées doit être réduite à son minimum. Dans ce nouveau mix, pas de hiérarchie. Le nucléaire et le renouvelable ne sont pas mis dos à dos. Chaque énergie décarbonée a ses qualités et ses défauts, et nulle n'est véritablement parfaite.

À vos yeux, qu'est-ce qu'un bon mix énergétique ?

C'est d'abord celui qui décarbone. La vertu principale d'un mix est de « ne pas mettre tous ses œufs dans le même panier ». Si une énergie subit une crise, comme actuellement le gaz, les systèmes ne s'écroulent pas. Cette façon de penser l'énergie garantit une certaine indépendance énergétique. C'est donc une vision pragmatique de l'énergie. Et optimiste. Sur nos territoires, ce genre de stratégie permet de rassurer les industries qui voudraient s'y implanter. C'est une sorte d'assurance.

Et la place du nucléaire dans tout cela ?

Je ne suis ni pour le tout-nucléaire ni pour le tout-renouvelable, vous l'avez compris. Je pense que les populations n'attendent pas un « nucléaire pour toujours ». Il faut des perspectives de nouvelles énergies pour construire l'avenir. En revanche, le nucléaire est un atout français, tout d'abord parce qu'il est déjà là, bien implanté sur le territoire depuis des décennies, et que la filière est une filière d'expérience avec des procédures maîtrisées, des garde-fous institutionnels qui garantissent une sûreté optimale. Par exemple, les crises comme Tchernobyl ou Fukushima ont fait l'objet de retours d'expérience qui ont permis de rehausser les standards de sécurité. Cette antériorité et l'amortissement des coûts d'investissement des centrales permettent aussi de produire une énergie à un prix compétitif. Le nucléaire est donc, dans cette situation d'urgence climatique que nous vivons et face aux crises du gaz, une véritable chance de décarboner et de maintenir des prix de l'énergie viables. Mais je la vois comme une énergie de transition.

Pourquoi n'êtes-vous pas non plus favorable au tout-renouvelable ?

Aujourd'hui, le tout-renouvelable ne peut combler les besoins en énergie. Très concrètement, les modélisations du tout-renouvelable impliquent des choix très forts, peu acceptables pour la population, comme la multiplication des parcs éoliens sur notre territoire.

Les petites villes sont confrontées à un dilemme, entre énergie centralisée et énergie décentralisée : quelle est votre position ?

Plusieurs problématiques s'entrecroisent. En France, nous avons le principe de péréquation qui garantit un prix unique de l'énergie sur tout le territoire, et qui atténue les disparités de ressources entre collectivités territoriales. C'est un excellent système. Cependant, certaines régions qui font beaucoup d'efforts pour accueillir des sites énergétiques comme des centrales nucléaires, thermiques ou éoliennes peuvent avoir le sentiment qu'elles devraient être récompensées, au-delà des ressources fiscales, par des avantages tarifaires spécifiques. Elles ressentent une inégalité de traitement par rapport à d'autres municipalités qui veulent se protéger de toute nuisance. Et on peut les comprendre.

Dans un autre domaine, certaines petites villes rêvent d'une énergie complètement décentralisée, *via* le recours à des énergies renouvelables produites sur place. Cette gestion ultralocale de l'énergie, soutendue par l'idée d'une autonomie accrue face aux cours européens de l'énergie et aux choix énergétiques centralisés, peut paraître séduisante. Cependant, je mets en garde contre cette autonomie en trompe-l'œil. Car la décentralisation, c'est aussi la dépendance à une énergie locale souvent intermittente et dont le modèle économique n'est pas encore mature. Les renouvelables en sont, en effet, à un stade de développement encore marqué par de fortes subventions. Les prix de ces énergies ne sont pas les prix réels du marché. Pour donner un exemple, l'Allemagne, où plusieurs centaines de milliards d'euros ont été injectées pour favoriser l'essor des énergies renouvelables, connaît de fortes augmentations de prix. Quand les subventions diminuent, le retour à la normale peut s'apparenter à une véritable douche froide. Par ailleurs, avec un système centralisé, quels que soient les aléas subis localement (panne, intempérie, accident, problème d'acheminement de composants venus de l'étranger...), l'approvisionnement et le prix de l'énergie sont assurés. Le système centralisé, avec un bon mix énergétique, apporte *in fine* plus d'autonomie aux territoires et une vraie garantie de continuité, laquelle est particulièrement attendue par les industriels.

Justement, quelles incidences sur l'emploi observez-vous au niveau local ?

La filière énergétique, dans ses nouvelles perspectives de développement des énergies décarbonées, que ce soit le nucléaire ou le renouvelable, crée une dynamique de croissance et d'emploi dans les territoires. Je précise que ce sont des emplois non délocalisables. Et ils constituent tout un maillage local : des sous-traitants, des métiers de service, de diagnostic, de conseil... L'enjeu est d'attirer les compétences dans les territoires. Beaucoup de compétences techniques sont communes à bon nombre de métiers de l'énergie. L'éolien, par exemple, a besoin de bons chaudronniers, comme le nucléaire.

Sur le terrain, comment voyez-vous évoluer les mentalités concernant les questions énergétiques ?

Si l'idée de disposer de plusieurs sources d'énergie semble intégrée, il existe encore des clivages et des batailles idéologiques qui n'ont plus lieu d'être. C'est dommage, car le vrai ennemi est l'énergie carbonée. La priorité est d'électrifier l'énergie. 60 % de notre consommation en France reste carbonée et liée aux énergies fossiles. Nos transports, par exemple, restent très dépendants de la voiture thermique. La part du nucléaire dans notre consommation totale d'énergie est en réalité aujourd'hui bien inférieure à ce qu'on imagine : elle n'est que de 25 % ! Cela dit, j'observe encore beaucoup de préjugés sur les énergies, et pas seulement sur le nucléaire. De fausses croyances circulent sur le solaire, qui est perçu par exemple comme une énergie pour les régions du Sud, alors qu'il peut avoir de très bons rendements dans le Nord également, comme en Alsace. L'éolien suscite aussi des peurs injustifiées. Les croyances ont la vie dure, et les scientifiques peinent à convaincre. Il va falloir trouver un *modus vivendi* et dépassionner le débat, car notre société et nos industriels ont besoin d'une certaine stabilité de points de vue et d'objectifs. Changer de braquet constamment en matière de choix énergétique empêche les filières de se développer sereinement et les différents acteurs de s'investir dans la durée. Ce qui compte donc est d'adopter un bon choix de mix énergétique à court, moyen ou long terme, et de s'y tenir.

Quel mix électrique pour réindustrialiser la France ?

Philippe Ansel
Chef économiste de la Fondation Concorde

La réindustrialisation, premier enjeu économique du pays

La réindustrialisation constitue le premier enjeu économique du pays, qui aurait dû être débattu à l'occasion de l'élection présidentielle de 2022. Cela n'a pas été complètement le cas. La France est en effet le pays le plus désindustrialisé de la zone euro après la Grèce, si l'on considère la part de la valeur ajoutée de l'industrie manufacturière dans le PIB. Or, un pays sans industrie est un pays pauvre. C'est le cas de la presque totalité des pays du continent africain. *A contrario*, la Suisse, dont les habitants sont deux fois plus riches que les Français en termes de PIB par habitant, est le pays le plus industrialisé d'Europe, avant l'Allemagne, avec une part de l'industrie dans le PIB de 25 %. Un pays désindustrialisé est un pays pauvre parce que l'industrie constitue le premier déterminant de la croissance économique. La croissance annuelle de sa productivité est trois fois supérieure à celle des autres activités. Or, c'est la productivité qui conditionne la croissance. Le seul différentiel du poids de l'industrie avec l'Allemagne (22,8 % du PIB contre 10 % en France) nous prive structurellement de 0,35 point de croissance chaque année. En outre, l'industrie entraîne les autres activités : un emploi industriel mobilise 1,4 emploi dans les services.

Un pays désindustrialisé est un pays endetté parce que l'industrie est la première monnaie d'échange réelle dans le monde, représentant 70 % des échanges commerciaux mondiaux de biens et services. Un pays désindustrialisé doit donc s'endetter toujours plus pour financer son déficit commercial et maintenir le niveau de consommation de ses habitants. C'est le cas de la France, qui a connu en 2021 le pire déficit commercial de son histoire – 86 milliards d'euros. Notre pays est désormais le plus endetté des grands pays, avant même l'Italie, si l'on considère l'endettement de tous les acteurs : État + ménages + entreprises.

Un pays désindustrialisé, ce sont des territoires entiers appauvris, délaissés. En effet, le propre de l'industrie est de se développer dans des villes moyennes et petites ou des villages, et de les structurer. On n'implante pas une usine à Paris sur la place de la Concorde ! La France désindustrialisée, c'est la France des Gilets jaunes qui, avec la disparition des usines, doivent aller chercher plus loin des emplois moins bien rémunérés, ce qui les rend complètement vulnérables face à une hausse du prix des carburants.

La transition climatique, une opportunité unique de réindustrialiser la France

Nous devons absolument nous réindustrialiser pour rétablir nos grands équilibres économiques, retrouver la prospérité et redonner vie à nos territoires. Nous bénéficions d'une « fenêtre d'opportunité unique » découlant de trois facteurs :

- la transition climatique, qui « rebat les cartes » en obligeant à reconfigurer les outils de production pour développer une nouvelle industrie décarbonée ;
- la révolution technologique, qui bouleverse les produits, leurs usages et leurs modes de fabrication et qui apporte les solutions pour décarboner nos économies. Seule une « hyperindustrie » est à même d'apporter des solutions pour faire face aux enjeux climatiques ;
- la rupture géopolitique, qui fragmente l'économie mondiale et reconfigure les chaînes de valeur économiques.

Ces trois ruptures constituent un « alignement des planètes » favorisant une réindustrialisation du pays. Mais encore devons-nous être capables de saisir cette opportunité. Pour la saisir, nous devons : baisser massivement les impôts de production qui pénalisent nos industries et redévelopper l'électricité nucléaire. Nous savons en effet que le système électrique est le principal levier de la lutte contre le changement climatique, et ce pour deux raisons.

Tout d'abord, la production d'électricité est la première source d'émissions de $C0_2$ dans le monde, dont elle représente 40 %. Réussir la décarbonisation de l'économie, c'est donc d'abord réussir à décarboner la production d'électricité. Selon les travaux du GIEC, il faut que l'électricité soit décarbonée à 80 % en 2050 dans le monde pour limiter le réchauffement climatique à 2 °C. Ensuite, l'électricité est la seule énergie pouvant être décarbonée et pouvant se substituer à grande échelle aux énergies fossiles pour le transport ou le chauffage des locaux et de l'eau (les nombreux processus industriels nécessitant du chauffage). Atteindre la neutralité carbone nécessite donc de disposer d'une électricité décarbonée abondante et compétitive, ayant une faible différence de prix avec les énergies carbonées, afin qu'elle puisse s'y ubstituer au plus faible coût possible pour les populations.

Réindustrialiser pour décarboner

Les bons chiffres français en matière d'émissions de CO_2 sur le territoire national, en comparaison avec d'autres pays, découlent de deux facteurs :

- notre parc nucléaire, qui nous procure une électricité décarbonée à 90 % ;
- notre désindustrialisation, qui a délocalisé nos émissions de CO_2.

Si nos émissions de $C0_2$ sur le territoire français ont baissé d'environ 20 % durant la période 1995-2019, notre empreinte carbone a augmenté dans le même temps de 7 % en raison de la hausse de 72 % des émissions liées aux importations. Ces dernières dépassent même, depuis 2010, les émissions des ménages et de la production domestique destinée à la demande finale intérieure !

Ce faisant, nous avons perdu sur le plan économique, sur le plan de l'emploi et sur le plan climatique. En effet, en nous désindustrialisant, nous avons augmenté notre empreinte carbone, car nos importations proviennent de pays peu vertueux sur le plan des émissions de CO_2. L'intensité carbone, c'est-à-dire le rapport des émissions de CO_2 à la production, est supérieure de 60 % en Allemagne et cinq fois supérieur en Chine (selon les données de la Banque mondiale).

Nous devons nous réindustrialiser pour retrouver notre prospérité et décarboner notre économie. Pour cela, nous devons donc baisser fortement les impôts de production.

Le nucléaire, principal atout pour reconstruire une nouvelle industrie décarbonée

L'accès à une énergie compétitive a toujours constitué le socle de la prospérité économique d'un pays et plus largement du progrès humain. Avec les changements climatiques, nous devons développer massivement des sources d'énergie décarbonées les moins chères possible.

Deux moyens sont en effet en mesure de décarboner les processus de production : leur électrification par une électricité décarbonée ou leur maintien en l'état avec en aval la capture et la séquestration du CO_2 en couches géologiques profondes (captage et stockage du carbone ou CSC). Les émissions industrielles, qui représentent un total de 65 $MtCO_2$, se décomposent entre les émissions liées aux procédés, soit 16 $MtCO_2$, et les émissions de combustion, soit 49 $MtCO_2$.

Les émissions liées aux procédés sont difficiles à réduire, car elles proviennent souvent de « réactions chimiques » nécessaires à la production de matériaux. Elles ne peuvent donc être supprimées par l'électrification des procédés et nécessitent donc le recours au CSC. L'analyse fait ressortir plusieurs zones du territoire sur lesquelles le CSC pourrait être déployé dans une logique de *hub* mutualisant les investissements nécessaires et les coûts : autour des zones de Dunkerque, Rouen-Le Havre, Lacq et la vallée du Rhône / PACA.

Ces zones permettent de viser des coûts aux alentours de 90-130 euros par tCO_2 évitée. La puissance publique a un rôle d'aménageur fondamental à jouer pour mettre en place ces *hubs* de CSC, qui serviront à réduire les émissions de gaz à effet de serre des procédés industriels difficiles à décarboner (centrales électriques à énergie fossile ou biomasse, acier, ciment, incinérateurs de déchets…). L'État doit donc donner l'impulsion d'un grand investissement prioritaire, conforté par sa garantie pour les investisseurs, dès le prochain quinquennat.

Électrifier les procédés industriels pour décarboner

En revanche, les émissions de combustion les plus importantes ont vocation à être décarbonées par l'électrification des procédés industriels. Nous bénéficions en effet de l'atout extraordinaire que constituent nos centrales nucléaires fournissant une électricité décarbonée à plus de 90 %. Ainsi, nous sommes l'un des rares pays à pouvoir reconstruire une industrie zéro carbone.

Ce recours à l'électricité permettrait de décarboner pratiquement 100 % des consommations d'énergie de l'industrie, car le fonctionnement continu des usines peut bénéficier de la production continue des centrales nucléaires.

Onze techniques électriques matures peuvent être d'ores et déjà mobilisées pour réaliser les dix opérations énergétiques de base qui sont au cœur de tous les processus industriels : l'évaporation, le séchage, la distillation, les autres opérations d'élimination d'eau, le chauffage de liquides et de gaz, le chauffage ou réchauffage de métaux, la fusion, les traitements thermochimiques, les traitements thermiques et les autres opérations thermiques. L'étude *Première analyse du potentiel technique d'électrification des procédés industriels thermiques par des technologies matures*, du Centre d'études et de recherches économiques sur l'énergie (CEREN) montre que toutes ces techniques permettent des économies d'énergie en énergie finale.

La diffusion de ces techniques électriques a été freinée jusqu'à présent par leur faible puissance. En effet, à cause des politiques dissuasives menées à leur encontre depuis trente ans (calculs en énergie primaire, surtaxation de l'électricité), elles n'ont été développées que pour des applications spécifiques auxquelles elles apportaient des gains en qualité de production, grâce à la précision et aux particularités de traitement qu'elles induisent.

Afin de leur permettre de se substituer à grande échelle aux énergies fossiles, les politiques publiques doivent investir massivement dans la recherche et le développement expérimental (R&D) pour l'électrification des *process* et aider à la constitution de références industrielles de grande puissance et de grande taille, par exemple en les rendant éligibles au crédit d'impôt recherche (CIR) et en mobilisant des fonds destinés à la relance économique.

Une taxation de l'énergie cohérente avec les objectifs de décarbonisation de l'économie (c'est-à-dire indexée sur le contenu CO_2) assurera la diffusion naturelle des technologies électriques en substitution des technologies fossiles. Nul besoin d'aides ou de dispositifs réglementaires.

Quel niveau de production d'électricité en 2050 pour reconstruire une industrie décarbonée ?

Les scénarios de consommation d'électricité en 2050 retenus par RTE et la SNBC apparaissent très insuffisants au regard des enjeux d'électrification de l'économie, de relance de l'industrie ou tout simplement en comparaison avec les trajectoires d'autres grands pays comme l'Allemagne et la Grande-Bretagne.

Nous devons viser une production d'électricité décarbonée de 900 TWh en tenant compte des pertes réseaux.

Quel mix énergétique décarboné ?

La France mène depuis 2012 une politique de déconstruction de son système électrique, pourtant parmi les plus efficaces au monde, au lieu de profiter de son électricité décarbonée pour électrifier ses consommations énergétiques (voitures, chauffage, usines…) comme le préconise le GIEC. La Programmation pluriannuelle de l'énergie (PPE), amorcée par François Hollande et poursuivie depuis, a en effet programmé la fermeture anticipée de 14 réacteurs nucléaires produisant de l'électricité pour les remplacer par des énergies renouvelables intermittentes. Cette politique de l'énergie a montré ses limites : elle compte sur le nucléaire pour assurer le secours de la production renouvelable ainsi que pour fournir une électricité bon marché aux Français *via* l'accès régulé à l'électricité nucléaire historique (ARENH), qui permet aux fournisseurs alternatifs de s'approvisionner en électricité bon marché auprès d'EDF, et a dans le même temps réduit sa production en fermant des centrales (Fessenheim). La flambée des prix de l'électricité en décembre 2021 a permis une prise de conscience de l'impasse à laquelle nous menait cette politique. Le président de la République a annoncé il y a quelques mois vouloir inverser la tendance en prolongeant la durée de vie des centrales nucléaires existantes et en construisant de nouveaux réacteurs.

L'accès à une électricité décarbonée pilotable et compétitive passe, en l'état actuel des technologies, par le développement du nucléaire. Le mix énergétique entre nucléaire et renouvelable a montré aujourd'hui ses limites. En effet, il n'y a pas « d'en même temps » nucléaire et renouvelable possible. Il y a deux modèles de production d'électricité.

Le modèle français historique, basé sur un socle nucléaire, un complément hydraulique et un appoint de gaz pour faire face aux pointes de consommation, procure une électricité décarbonée bon marché. Le ministre de l'Industrie et de l'Énergie britannique, Kwasi Kwarteng, a ainsi fait l'éloge de ce modèle, le 4 avril 2022, en ces termes : « Le modèle français, où 80 % de la production d'électricité provient du nucléaire, a coûté une fortune mais cela a donné aux Français une forme d'indépendance qui, pour être honnête, est enviée sur le continent, par les Allemands, par exemple, et par les Italiens. » Il se donne l'objectif de porter la part du nucléaire de 15 % à 25 % dans le mix britannique en construisant six à sept nouveaux réacteurs. Mais les propositions émises dans le cadre des différents programmes par les candidats à l'élection présidentielle n'ont pas pris toute la mesure de ces enjeux.

Le modèle allemand double le parc renouvelable d'un parc de centrales thermiques de complément fonctionnant au charbon et au gaz. Le gestionnaire du réseau électrique allemand considère en effet que la production renouvelable intermittente peut tomber à 1 % de la demande d'électricité totale. En conséquence, l'Allemagne possède, pour assurer une demande maximale en pointe de 82 GW, deux parcs de centrales électriques, un parc éolien et photovoltaïque de 116 GW de puissance et un parc de centrales pilotables essentiellement thermiques de 117 GW pour produire lorsqu'il n'y a pas de vent ou de soleil. Ce modèle génère des coûts de production très élevés, ne permet pas d'obtenir la neutralité carbone et apparaît désormais caduc avec la crise géopolitique. Le développement des énergies renouvelables intermittentes se heurte, sous nos latitudes, au décalage structurel entre la temporalité des productions renouvelables et la temporalité des consommations électriques. De ce fait, plus l'électricité renouvelable intermittente occupe une place importante, plus elle devient inutile pour le système électrique. L'électricité renouvelable excédentaire, non seulement n'a aucune valeur, mais a même une valeur négative, car on ne sait pas quoi en faire. Ajouter de nouvelles centrales photovoltaïques augmente l'excédent d'électricité en été, sans pour autant produire davantage d'électricité la nuit. Plus on augmente la proportion d'énergies renouvelables intermittentes, plus la production inutile augmente, ce qui fait monter en flèche le coût du kWh utile. Cela se traduit par une croissance continue du nombre d'heures pendant lesquelles le prix de l'électricité est négatif.

Ce phénomène est bien documenté par les économistes, par exemple Marco Cometto et Jan-Horst Keppler de l'OCDE, qui ont montré que les prix horaires sont nuls ou négatifs sur un nombre d'heures croissant au fur et à mesure de la croissance de la proportion d'EnR : 1 000 h/an quand la part de production d'énergies renouvelables à apport variable (EnRv) atteint 50 %, et 3 000 à 3 800 h/an avec 80 % de production d'EnRv. Il en résulte un coût de l'électricité qui croît en fonction de la proportion d'EnR.

Il n'y a pas « d'en même temps » nucléaire et renouvelable possible car l'éolien et le photovoltaïque n'ont aucune utilité par rapport à une production nucléaire, qu'ils ne font que remplacer de manière intermittente. Or, une centrale nucléaire est conçue pour fonctionner le plus possible en continu. Développer des productions renouvelables intermittentes ne fait qu'ajouter des coûts et représente donc un extraordinaire gaspillage.

Inversement, l'éolien et le photovoltaïque ont besoin d'une production de secours au charbon et au gaz, la moins coûteuse en investissements et la plus facile à faire démarrer rapidement. Le fait d'avoir développé des capacités EnR tout en fermant les centrales à charbon nécessaires à leur secours rend le modèle français de plus en plus inapte à fournir l'électricité dont le pays a besoin : nous devenons la zone européenne dans laquelle les prix de marché sont les plus élevés du fait de ce risque de fourniture.

Pour toutes ces raisons, les experts de la Fondation Concorde estiment nécessaire de ramener à 80 % la part du nucléaire dans le mix électrique de la France pour réduire au maximum le recours au gaz. Le mix se composerait donc de 80 % de nucléaire, 7,5 % d'hydraulique, 8 % de gaz, 4,5 % d'éolien et de solaire.

Un tel niveau de construction – inférieur au premier programme nucléaire construit après les deux premiers chocs pétroliers – permettrait de fournir l'électricité décarbonée nécessaire à notre économie et à la relance de notre industrie. Il permettrait de bénéficier d'un réel effet de série et d'abaisser ainsi les coûts de production de l'électricité nucléaire.

Le lancement de ce nouveau programme nucléaire devra s'accompagner de la mise en place d'un système de prix permettant aux consommateurs français de bénéficier de la compétitivité des centrales nucléaires, donc désindexé du prix du marché européen de l'électricité.

L'écosystème industriel nucléaire va renforcer les compétences de l'industrie française

L'électricité nucléaire constitue un levier clé pour relancer l'industrie française, du fait de sa compétitivité, mais également de son effet d'entraînement technologique et de son enracinement territorial : un tel programme donnera du travail aux 3 000 entreprises sous-traitantes d'EDF pour plus de cinquante ans.

Par ailleurs, il faut avoir à l'esprit que l'écosystème nucléaire français historique a créé sur le territoire français une quantité impressionnante de savoir-faire qui ont irrigué les entreprises industrielles, sur des marchés variés et éloignés de l'énergie nucléaire. En effet, la construction de centrales nucléaires nécessite le recours et le développement de très hautes technologies dans des domaines aussi divers que l'ingénierie, la chimie, la physique, la métallurgie, la modélisation numérique, qui bénéficient à une grande partie du tissu industriel par effet de « capillarité ».

Une France devenue « électrivore » pour la vie des citoyens

Mathias Laffont
Directeur Usages et Territoires à l'Union française de l'électricité (UFE)

Quand il s'agit d'évoquer les enjeux liés au monde de l'énergie, la confusion est fréquente entre, d'une part, le système énergétique, qui concerne le fonctionnement et les usages de toutes les énergies sur un territoire donné, et, d'autre part, le système électrique, qui est un sous-ensemble du système énergétique se concentrant sur le vecteur électricité. Cette confusion se retrouve également dans les débats publics sur les politiques énergétiques, qui se résument malheureusement à la seule question du mix électrique : plutôt EnR ? plutôt nucléaire ? plutôt les deux ?

Pour autant, l'urgence climatique à laquelle nous faisons face, que le GIEC ainsi que les alertes météorologiques sur l'évolution des températures mettent notamment en évidence, suppose d'analyser objectivement notre rapport au système énergétique. Afin de limiter à moins de 2 °C, voire idéalement moins de 1,5 °C, la hausse des températures planétaires moyennes d'ici la fin du siècle, l'atteinte de la neutralité carbone d'ici à 2050 impose de modifier profondément les types d'énergies que nous consommons et la façon dont nous les consommons. Au niveau global, en France, 60 % des énergies que nous utilisons, notamment pour nous chauffer, nous déplacer ou produire, sont des énergies fossiles comme le pétrole, le gaz naturel ou encore le charbon qui émettent de fait de grandes quantités de gaz à effet de serre. *A contrario*, la consommation d'électricité, ou plus précisément des usages électriques, n'émet pas de gaz à effet serre, et la production d'électricité, en France en particulier, est très largement décarbonée. Cela fait donc de l'électricité une énergie centrale dans l'atteinte de la neutralité carbone. Ainsi, selon les trajectoires considérées, la part de l'électricité dans la consommation globale d'énergie finale devrait passer de 25 % actuellement à plus de 50 % à l'horizon 2050. En parallèle, cela suppose de mettre fin à la consommation d'énergies fossiles dans tous les aspects de notre quotidien.

S'agissant du secteur du bâtiment, les bureaux et logements sont responsables de près de la moitié (46 %) de la consommation d'énergie finale en France et de près de 20 % des émissions de gaz à effet de serre[1]. La consommation de gaz naturel domine très largement la consommation énergétique de ce secteur, notamment pour couvrir les

1. Source : ministère de la Transition écologique.

besoins de chauffage et de production d'eau chaude sanitaire. Près d'un MWh de gaz naturel consommé sur deux en France l'est dans les bâtiments résidentiels et tertiaires. La décarbonation de ce secteur suppose donc un changement profond dans la manière de concevoir les bâtiments, mais aussi dans la manière d'y vivre ou d'y travailler. Aux côtés des nécessaires efforts de réduction des consommations énergétiques, cela requiert également de privilégier les énergies bas carbone, dont l'électricité, qui présente un facteur d'émission de GES environ trois fois inférieur à celui du gaz naturel[1] dans les bâtiments nouvellement construits, et de promouvoir la suppression des chaudières utilisant des énergies fossiles pour les bâtiments existants. Comme cela est souligné dans une étude RTE-ADEME sur le chauffage publiée en décembre 2020, « les politiques de rénovation du bâti et d'amélioration de l'efficacité thermique sont indispensables pour diminuer les émissions, mais insuffisantes pour atteindre les objectifs de la SNBC si elles ne s'accompagnent pas d'un développement des solutions électriques ». Tel est le sens des récentes évolutions législatives et réglementaires en France, notamment de la Réglementation environnementale 2020 (RE 2020) et de la réforme du diagnostic de performance énergétique concernant respectivement les bâtiments neufs et existants. Ces deux nouvelles réglementations permettent

1. Selon la base carbone ADEME, le facteur d'émission de l'électricité pour un usage tel que le chauffage dans le bâtiment s'élève à 79 gCO_2/kWh alors que celui du gaz naturel s'élève à 227 gCO_2/kWh et celui du fioul domestique à 325 gCO_2/kWh.

de prendre en compte, dans l'évaluation de la performance des bâtiments, aussi bien la dimension énergétique que la dimension climatique.

Souvent critiquée en raison de la performance des équipements qui y sont rattachés, l'électricité bénéficie désormais de solutions très performantes, comme les pompes à chaleur aérothermiques ou géothermiques, pour les besoins de chauffage et d'eau chaude sanitaire. Compte tenu de leur coefficient de performance (COP), ces solutions bas carbone, basées sur la chaleur renouvelable, présentent l'avantage de réduire d'un facteur 4 environ les consommations d'énergie pour la production de chaleur et d'eau chaude. Au-delà de la lutte contre le changement climatique, ces solutions permettent également une meilleure adaptation à l'augmentation des températures et à la multiplication des vagues de chaleur ou de canicules, qui sont aujourd'hui déjà une réalité. En effet, en complément de solutions passives, les pompes à chaleur permettent de rafraîchir ou de refroidir les bâtiments de manière efficace.

Le développement de ces solutions électriques performantes s'accompagne d'une pénétration toujours plus importante d'équipements et appareils électriques en raison notamment de la part croissante d'outils numériques et connectés dans les logements et bureaux. Ceux-ci permettent également, *via* leur connectivité, de favoriser le développement du pilotage de la consommation électrique grâce à l'exploitation du foisonnement des usages, anciens et nouveaux, au sein du bâtiment. Ces gisements de pilotage des consommations vont également s'accroître avec l'électrification des transports.

Le secteur des transports est aujourd'hui responsable de 75 % de la consommation française de produits pétroliers[1], dont la quasi-totalité (95 %) provient des usages de la route[2]. La décarbonation presque totale de ce secteur visée par la France suppose, à l'instar du bâtiment, de mettre fin à la consommation d'énergies fossiles (essence, diesel) et bien sûr de ne pas en créer de nouvelles avec le gaz naturel pour véhicule (GNV). La loi d'orientation des mobilités, promulguée en décembre 2019, prône la fin des ventes de voitures utilisant des énergies fossiles d'ici à 2040. La Commission européenne, quant à elle, a proposé dans le cadre du paquet Fit-for-55 une réglementation visant à interdire la vente de véhicules émettant des gaz à effet de serre à l'horizon 2035[3]. L'ensemble de ces réglementations contribue à soutenir le développement des véhicules électriques. Inventée il y a environ cent quarante ans par Thomas Parker, la voiture électrique a été synonyme de performance à la fin du XIXe siècle[4].

—

1. Source : ministère de la Transition écologique.

2. Environ trois quarts des émissions du transport routier sont dus aux véhicules légers et un quart aux véhicules lourds (plus de 5 tonnes). Source : Commissariat général au développement durable.

3. Le règlement établissant les normes de performance en matière d'émissions de CO_2 pour les voitures particulières neuves et pour les véhicules utilitaires légers neufs est en cours de finalisation au sein du Parlement et du Conseil européen.

4. La « Jamais Contente » a été, en 1899, la première voiture à franchir le cap de 100 km/h.

Cette technologie est aujourd'hui considérée comme la solution incontournable pour atteindre la décarbonisation du transport routier, pour les véhicules légers mais également pour les véhicules lourds. À l'usage, un véhicule électrique présente un triple avantage environnemental :

- il n'émet pas de gaz à effet de serre ;
- il permet de réduire la pollution atmosphérique et de lutter contre les nuisances sonores liées aux motorisations thermiques ;
- il bénéficie d'une chaîne de traction trois fois plus efficace qu'une chaîne de traction thermique.

En France notamment, l'utilisation d'un véhicule électrique bénéficie en outre d'un mix très largement décarboné. Plusieurs analyses en cycle de vie des véhicules – c'est-à-dire prenant en compte les émissions de gaz à effet de serre depuis la phase de construction du véhicule jusqu'à sa fin de vie – ont montré que le bénéfice climatique d'un véhicule électrique est deux à six fois plus important que celui d'un véhicule thermique[1]. Sur le plan économique, les véhicules électriques présentent également un réel avantage à l'usage, divisant par au moins trois le « prix du plein[2] » et réduisant

---

1. Pour plus de détails, voir la fiche idoine de l'Observatoire de l'industrie électrique : https://observatoire-electricite.fr/IMG/pdf/fiche_pedagogique_les_emissions_de_co2_du_vehicule_electrique.pdf

2. Voir l'étude RTE, *Enjeux du développement de l'électromobilité pour le système électrique*, mai 2019.

également les coûts d'entretien et de maintenance du véhicule.

Bien que connaissant une croissance des ventes importante depuis l'année 2020[1], cette motorisation reste encore aujourd'hui marginale dans le parc de véhicules particuliers et utilitaires légers en France. Selon les données AAA Data que l'Union française de l'électricité (UFE) publie mensuellement, les véhicules électriques et hybrides rechargeables représentent au 1er avril 2023 à peine plus de 3 % de la totalité du parc roulant en France. La marche à franchir pour décarboner le secteur des transports est donc encore haute, mais l'électrification des catalogues des constructeurs automobiles et l'annonce par certains de l'arrêt des modèles thermiques d'ici la fin de la décennie contribuent à maintenir une dynamique favorable à l'électrification de la mobilité.

La motorisation électrique à batterie devrait à terme couvrir la quasi-totalité du parc de véhicules légers, ainsi, les solutions disponibles concernant la mobilité dite lourde (poids lourds, autobus et autocars) seront plus équilibrées. En effet, compte tenu des besoins énergétiques du transport routier, de marchandises notamment, l'électrification indirecte de ces flottes, *via* l'utilisation d'une pile à combustible et d'hydrogène bas carbone, sera amenée à jouer un rôle important en complément, ou en

---

1. Entre 2019 et aujourd'hui, les parts de marché des véhicules électrifiés (véhicules 100 % électriques et hybrides rechargeables) ont été multipliées par dix. Voir en ce sens les données publiées par l'Observatoire de l'industrie électrique : https://observatoire-electricite.fr/analyses-de-donnees/

hybridation, des moteurs électriques à batterie[1]. Toutefois, compte tenu d'une moindre efficacité de la chaîne énergétique, l'utilisation de l'hydrogène dans la mobilité doit être réservée à des segments où l'électrification directe n'est pas optimale sur le plan technico-économique.

L'électrification des mobilités recouvre toutefois l'enjeu central qu'est le déploiement d'une infrastructure adéquate permettant de répondre aux besoins de recharge aussi bien privés (à domicile ou sur le lieu de travail) que publics (en voirie, au sein des établissements recevant du public – ERP – ou le long des axes routiers). Si la recharge électrique présente l'avantage de « faire le plein chez soi » et répond à une très grande majorité des trajets du quotidien[2], le développement des capacités des batteries des véhicules électriques ainsi que la diversification des gammes de véhicules à batterie proposées par les constructeurs automobiles tendent à démocratiser l'utilisation de ces véhicules pour des trajets longue distance. Pour cela, il est nécessaire de maintenir la dynamique de déploiement des infrastructures de recharge de véhicules électriques. Selon l'outil Watt the carte développé par l'Union française de l'électricité[3], au 1er avril 2023, plus d'un tiers des axes autoroutiers français ont plus de

1. Les solutions basées sur la biomasse (biogaz, biocarburant), bien que présentes, devraient jouer un rôle moindre concernant la mobilité routière en raison d'une contrainte forte pesant sur les ressources disponibles.

2. Environ 80 % des Français parcourent en moyenne moins de 100 kilomètres par jour : https://www.automobile-propre.com/dossiers/autonomie-voiture-electrique/

3. Pour plus de détails, voir : https://ufe-electricite.fr/watt-the-carte/deploiement-bornes-de-recharge-en-france/sur-autoroutes/

75 % de leurs aires de services équipées d'au moins un point de recharge dont la puissance est supérieure ou égale à 50 kVA. L'enjeu de demain sera de poursuivre le déploiement de bornes de recharge et de s'assurer de l'adéquation entre les besoins des utilisateurs et la puissance des bornes installées.

Grâce à la capacité de stockage dont les véhicules électriques disposent, le développement de l'électromobilité va créer des synergies croissantes avec le secteur de l'électricité. En effet, la pilotabilité de la recharge des véhicules électriques permet d'adapter leur courbe de recharge afin d'optimiser l'intégration des EnR électriques comme l'éolien ou le solaire. Les solutions de recharge bidirectionnelle permettent de réinjecter l'énergie contenue dans la batterie dans le bâtiment (*vehicle-to-home* ou *vehicle-to-building*) en complément de systèmes d'autoconsommation par exemple, ou dans le réseau (*vehicle-to-grid*), contribuant ainsi à l'équilibre du système. Dans son étude publiée en mai 2019[1], RTE souligne que la généralisation du pilotage de la recharge permettrait d'économiser environ 5 $MtCO_2$ supplémentaires.

Ainsi, qu'il s'agisse du secteur des transports ou de celui du bâtiment, l'urgence climatique et l'impérieuse nécessité de renforcer l'indépendance de la France et de l'Europe, qui a émergé à la suite des crises sanitaire et géopolitique de ces dernières années, supposent de mettre, le plus rapidement possible, un terme à nos consommations d'énergies

1. *Enjeux du développement de l'électromobilité pour le système électrique*, *op. cit.*

fossiles. Pour ce faire, les solutions électriques telles que les pompes à chaleur ou les véhicules électriques vont devoir être privilégiées sans concession dans les politiques publiques afin de favoriser une pénétration croissante dans nos logements et nos garages. L'atout climatique de ces solutions est complété par un atout économique pour les utilisateurs du fait des économies d'énergie permises.

Le numérique : une accélération des besoins en énergie

Gilles Babinet

Entrepreneur dans le numérique

Le 4 octobre 2018, l'association Shift Project fit sensation. Elle affirma que le numérique était tout sauf neutre pour l'environnement, avec une empreinte globale de l'ordre de 4 % de l'ensemble des gaz à effet de serre. Si depuis les chiffres ont été largement contestés, revus et amendés, le débat continue à faire rage entre ceux qui incriminent le numérique et ceux qui, au contraire, le parent de vertus. Ce débat a néanmoins permis de confirmer quelques valeurs : la consommation d'énergie liée au streaming réduite d'un facteur 70 et la perspective d'un doublement des émissions en 2025, désormais considérée comme caduque. Même si la tendance est à l'augmentation, elle ne peut l'être dans la proportion évoquée, car les gains d'efficacité que procure la loi de Moore[1] créent quasiment

1. Gordon Moore a postulé en 1969 que les microprocesseurs (qui n'existeront pas avant 1971) seraient appelés à doubler leur puissance tous les vingt-quatre mois. Une prédiction qui s'est dans l'ensemble réalisée. Le

un doublement de la puissance de traitement (stockage, calcul) tous les deux ans.

Il n'en reste pas moins que le mérite de Shift Project aura été de faire la lumière sur un domaine qui se considérait comme naturellement vertueux, même si plusieurs responsables politiques et institutions de premier plan continent à véhiculer des idées fausses : envoyer un email avec pièce jointe ne génère pas 50 g de CO_2 (des calculs indépendants convergent plutôt vers un chiffre de 600 à 1 000 fois inférieur) et regarder un film en streaming ne consomme pas des kilos de CO_2, mais plutôt quelques dizaines de grammes. De surcroît, d'autres notions erronées semblent durablement ancrées dans l'esprit du grand public : ainsi, l'usage d'appareils digitaux est stigmatisé, alors même qu'il est insignifiant dans la consommation.

Ces croyances débouchent sur des recommandations absurdes et fréquemment entendues, comme le fait qu'il serait vertueux de passer un temps considérable à nettoyer la mémoire de ses appareils électroniques pour en limiter la consommation numérique. En réalité, 2 téraoctets (To) consomment tout au plus quelques watts (voire quelques dizaines de milliwatts lorsqu'ils sont inscrits sur un semi-conducteur) ; et que le disque soit plein ou vide, sa consommation est à peu près équivalente. Sur le fond, en France, pays où l'énergie électrique est presque

—

premier processeur (IBM 4 004) comprenait 2 200 transistors, tandis que la puce M1 Ultra sortie début 2022 comprend 117 milliards de transistors.

totalement décarbonée grâce au nucléaire, on peut raisonnablement affirmer que l'usage numérique possède une empreinte carbone insignifiante.

Il n'en reste pas moins que la fabrication des équipements représente un facteur premier d'émission de gaz à effet de serre : manufacturés dans des pays où l'énergie est très carbonée, leur importation en France représente plus de 90 % de l'empreinte carbone du numérique.

Pour autant, cette situation doit se comprendre dans un contexte d'ensemble, en évolution constante, où le numérique peut avoir des usages et des externalités de différentes natures.

Ainsi, dans les médias et au sein de l'opinion publique, le sujet du *green IT* (l'empreinte environnementale du numérique) est incomparablement plus important que celui du *IT for green* (ce que peut faire le numérique pour l'environnement). C'est pourtant oublier que sans les technologies numériques, il serait tout simplement impossible de faire fonctionner notre monde moderne : les chaînes logistiques seraient largement inefficaces, les stocks seraient pléthoriques du fait d'une faible connaissance de la demande réelle et, au-delà, la diffusion des techniques et des savoirs serait beaucoup plus lente, réduisant d'autant les opportunités économiques et sociales.

Certes, nombreux sont ceux qui n'hésitent pas à faire une association entre numérique et effet rebond : ils condamnent le numérique pour avoir facilité l'avènement d'un consumérisme rendant particulièrement simple d'acheter un « séjour week-end » à trois heures d'avion, dont les externalités environnementales sont évidemment très significatives. Entrer dans ce débat de poule et d'œuf revient à faire un procès à la notion même de progrès, ce qui va au-delà de notre intention ici. Toutefois, à ceux qui se situent dans cette logique, il est possible de rétorquer que lorsqu'un prix raisonnablement dissuasif sera attaché aux externalités des systèmes de production, la technologie numérique sera l'un des meilleurs outils pour contrer ces externalités, dont celles du CO_2.

Ainsi, le numérique est un outil remarquable pour accroître les taux d'usage. Qu'on y songe, un camion de transport urbain a accru sensiblement son taux de charge (+ 10 %) en vingt ans, et cela principalement grâce aux systèmes d'information numérique des chaînes logistiques. Dans de nombreux domaines, les progrès potentiels sont considérables : ainsi, une voiture ne roule que 6 % du temps. Elle passe les 94 % restants garée sur une place de parking, dans le garage d'un immeuble de bureaux, etc. Le taux d'usage de cet immeuble de bureaux est souvent inférieur à 25 %[1], à 12 % pour une école et à 4 % pour une maison de campagne. Le reste du temps, ce sont les moments en dehors des horaires de bureaux, soit la nuit, le week-end, les vacances ou les moments où les bureaux ne sont pas loués.

Or, accroître les taux d'usage, c'est mécaniquement accroître l'efficacité de l'énergie permettant de construire

—

1. Selon Dominique Alba, la directrice de l'APUR, l'Atelier parisien d'urbanisme.

et d'exploiter ces équipements. Et à cet égard, la technologie numérique a démontré sa remarquable efficacité. On sait qu'avec Airbnb ou ses équivalents, il est possible de louer son appartement lorsque l'on est en vacances, mais sait-on que l'on peut faire de même avec sa voiture, que la crise de la Covid-19 a largement accru les espaces mixtes d'activité tertiaire devenant le soir des espaces mutualisés par des associations dispensant des cours du soir ? Le tonitruant Elon Musk avance qu'avec des véhicules autonomes (qui seront le plus généralement commercialisés en *leasing*), il pense pouvoir multiplier ce taux d'usage par trois ou quatre. Si d'aventure cette prédiction se réalisait ne serait-ce qu'à moitié, elle représenterait certainement un bouleversement pour l'économie mondiale, avec un grand déplacement de l'affectation du capital et des conséquences significatives sur les infrastructures routières : les véhicules autonomes pouvant se garer loin des centres-villes, les réflexes en millisecondes des systèmes qui les pilotent leur permettraient d'accroître fortement la densité de trafic et donc de réduire le nombre de routes consacrées aux véhicules.

Dans un autre domaine, de récents travaux évoquent la possibilité que l'agriculture, pour l'instant émetteur significatif de gaz à effet de serre, devienne un facteur de capture nette de carbone. La difficulté réside dans le fait qu'il est nécessaire de maintenir un niveau élevé de productivité avec la contrainte de gérer l'érosion et les émissions de gaz à effet de serre. Or, il est démontré qu'un agriculteur ne peut généralement gérer qu'une poignée de paramètres (le plus souvent cinq à dix) dans un contexte qui en comprend potentiellement plusieurs centaines. De surcroît, ces paramètres doivent être largement adaptés en fonction du lieu, des coutumes agricoles, etc. Or, les technologies de *machine learning* démontrent qu'elles peuvent théoriquement prendre en compte plusieurs centaines de paramètres, qu'elles adaptent en fonction des contraintes locales (les semences recommandées ne sont pas disponibles, etc.), et que cela représente un coût marginal pour l'agriculteur. Certes, il reste un travail considérable pour rendre ces algorithmes largement accessibles et pour convaincre les agriculteurs de l'intérêt d'adopter ces méthodes, mais le potentiel semble de très grande ampleur pour le climat.

Le numérique est aussi un facteur de réindustrialisation. La crise de la Covid-19, et plus récemment la guerre en Ukraine ainsi que les vagues de chaleur dans les pays asiatiques ont pour conséquence que les chaînes d'approvisionnement se montrent largement défaillantes : l'automobile n'a plus de composants électroniques, les cuisinistes n'ont plus d'acier inox et l'inflation que l'on croyait disparue resurgit brutalement.

De fait, l'ensemble des acteurs industriels cherche à se prémunir durablement vis-à-vis de ces aléas en rapprochant les sites de production des lieux de consommation, voire en les relocalisant en France. Mais en tant que telle, cette réindustrialisation ne serait sans doute même pas envisageable sans l'existence de deux autres facteurs incidents que sont la nécessité de décarboner la production et, bien entendu, le numérique.

En ce qui concerne le CO_2, il faut avoir à l'esprit que pour 1 dollar de valeur ajoutée industrielle, l'Asie du Sud-Est mobilise 29 cents d'énergie carbonée, les États-Unis 19 et la France 11. Lorsque les taxes carbone aux frontières commenceront à s'appliquer[1] aux produits qui n'y sont pas encore soumis (ciment, acier, énergie et transports y sont déjà contraints), cela pourrait avoir des conséquences très significatives sur ceux qui continueraient à importer. Même vis-à-vis de notre voisin allemand, qui a imprudemment fermé ses centrales nucléaires, désormais remplacées par des centrales à lignite, à charbon et à gaz, cela pourrait être l'opportunité de retrouver un peu de souffle pour les producteurs français. Dès à présent, la qualité de l'énergie ressort comme l'un des principaux facteurs d'implantation d'une industrie[2].

Pour réussir cette relocalisation doublée d'une décarbonisation, l'arrivée des robots change la donne : ceux-ci voient leurs coûts baisser de façon accélérée depuis quelques années. Là où des millions d'euros étaient nécessaires pour automatiser un site, des montants sensiblement moins importants suffisent désormais, grâce au numérique et au principe d'industrie 4.0 qui devient enfin concret. La conséquence est un accroissement de la productivité, une bien moins faible sensibilité des sites industriels au coût du travail et, relativement, une plus grande sensibilité aux coûts énergétiques, ce qui

1. European Commission, *Carbon Border Adjustment Mechanism: questions and answers*, 14 juillet 2021.

2. « Verkor, le pionnier français de la batterie "propre" », *Les Échos*, 6 juin 2022.

favorise mécaniquement la France. L'industrie est donc de moins en moins manufacturière, et non, cela ne signifie pas pour autant que cette transition crée un chômage de masse. Les pays robotisés sont systématiquement des pays de plein-emploi, notamment parce que les postes de services à l'industrie – convenablement payés car à forte valeur ajoutée – restent en nombre significatif. Nos voisins suisses et allemands en sont l'exemple éclatant. L'enjeu est primordial pour la France, dans la mesure où c'est désormais la nation la plus désindustrialisée d'Europe[1], avec 9 % de son PIB d'origine industrielle (selon la Banque mondiale), là où la moyenne européenne se situe aux alentours de 15 %.

Enfin, quelques mots sur le monde de l'électricité. Jusque récemment, le numérique était assez secondaire dans le fonctionnement des systèmes de production et d'acheminement électriques. Mais dans un contexte où les énergies renouvelables intermittentes (soumises aux variations du soleil et du vent, donc irrégulières) augmentent significativement d'année en année, la capacité à simuler le fonctionnement du réseau de façon optimale devient essentielle à son fonctionnement équilibré. Le numérique permet également de faire en sorte que les réacteurs nucléaires de type EPR soient construits de façon plus industrielle, avec l'usage généralisé de jumeaux numériques permettant de réduire le coût et les délais

1. Si l'on exclut Malte et Chypre, dont les PIB cumulés représentent moins de 2 % du PIB de la France.

de mise en œuvre des nouveaux EPR. De même, les réacteurs de quatrième génération à neutrons rapides, particulièrement complexes à simuler, bénéficient largement du recours à la simulation, sur le plan physique comme industriel. Quant aux réacteurs de petite taille (SMR), ils constituent des trésors de ressources dans la transition énergétique, en produisant tout à la fois de l'électricité et de l'hydrogène vert pour les transports en commun, et de l'eau chaude pour le chauffage urbain, mais ne pourraient tout simplement pas être mis en œuvre sans la puissance de conception et de simulation du numérique.

Ces perspectives reposent sur deux conditions : la première, c'est évidemment que le carbone devienne une externalité concrète, avec un prix qui justifieraient tous les investissements pour mettre en œuvre ces techniques évoquées précédemment ; la seconde découle de la première. Des compétences de premier plan seront nécessaires pour concrétiser la conception et l'administration de ces techniques. En effet, nous devrons faire en sorte que notre système éducatif évolue et puisse former tout aussi bien les techniciens, les ingénieurs et les scientifiques qui permettront d'y parvenir.

PARTIE III

UNE ÉNERGIE PROPRE ET SÛRE, LES DEUX PRIORITÉS

Le nucléaire fait peur et reste, malgré de nombreuses publications, assez méconnu. Est-il le monstre que l'on nous a si souvent décrit ou peut-il être une source d'énergie propre et sûre ? Rafael Mariano Grossi nous rappelle l'enjeu pour les États de garantir les conditions d'un nucléaire civil sûr et sécurisé, pour dépasser les freins à son développement et en favoriser l'essor, au bénéfice de notre planète et de nos économies.

Jean Casabianca et Jean-Paul Bouttes nous aident également à mieux saisir et appréhender ce qu'est réellement le nucléaire, ce à quoi il faudra veiller et ce que sera le paysage demain pour un bon développement de celui-ci ; en évoquant notamment deux thèmes majeurs, au cœur des débats et souvent « hélas » des controverses : la sûreté et les déchets.

Entretien

Rafael Mariano Grossi

Directeur général de l'Agence internationale de l'énergie atomique (AIEA)

L'AIEA est une instance assez peu connue du grand public, qui en a une vision partielle, associée à des crises géopolitiques comme celles du nucléaire iranien, par exemple. Pouvez-vous expliquer la genèse de l'AIEA ? Pourquoi cette instance a-t-elle été créée et à quoi sert-elle, en quelques mots ?

Lorsque la fission nucléaire a été découverte, en 1938, les scientifiques et les dirigeants politiques ont compris que le pouvoir de l'atome pouvait faire le bien tout autant que le mal. La mort et la dévastation causées par les attaques nucléaires sur Hiroshima et Nagasaki à la fin de la Seconde Guerre mondiale ont choqué la communauté internationale et l'ont poussée à créer un organisme mondial chargé de promouvoir l'utilisation de la technologie à des fins pacifiques uniquement. C'est ainsi qu'est née l'Agence internationale de l'énergie atomique ou AIEA, avec pour mission « l'atome pour la paix ».

Le traité de non-prolifération des armes nucléaires (TNP), entré en vigueur en 1970, est la pièce maîtresse des efforts mondiaux visant à empêcher la prolifération des armes nucléaires, à promouvoir la coopération concernant les utilisations pacifiques de l'énergie nucléaire et à favoriser le désarmement nucléaire. Bien que l'AIEA ne soit pas partie prenante au TNP, elle a, en tant qu'organe international d'inspection des dispositifs de protection, un rôle spécifique de vérification. En effet, elle veille à ce que les États parties non dotés d'armes nucléaires respectent les obligations fixées par le TNP. Notre mission essentielle en matière de garanties vise à renforcer la sécurité internationale en vérifiant que ces États honorent leurs obligations légales internationales d'utiliser leurs matériaux et leurs technologies nucléaires exclusivement à des fins pacifiques. Rien qu'en 2021, l'AIEA a mené des activités de vérification dans plus de 1 300 installations nucléaires et sites hors installations dans le monde. La quantité de matières nucléaires que nous inspectons a augmenté de près de 30 % depuis 2010.

L'AIEA est avant tout une organisation scientifique et technique. Une autre de ses missions clés consiste à mettre son expertise au service des États membres, afin de les aider à mettre en œuvre des applications sûres et sécurisées de la science et de la technologie nucléaires, et à relever les plus grands défis de notre époque : notamment la réduction de la pauvreté, l'approvisionnement sûr et adéquat en eau et en nourriture, la lutte contre les maladies et la malnutrition, et le passage à un approvisionnement fiable de leurs économies, sans aggraver l'urgence climatique déjà pressante.

L'énergie nucléaire peut jouer un rôle majeur dans la course à la décarbonisation. En effet, elle fournit à grande échelle une énergie continue à faible teneur en carbone, avec une empreinte physique comparativement minime. L'AIEA aide les pays à répondre à la demande croissante d'énergie, grâce à une puissance nucléaire sûre, sécurisée et fiable. Pour ce faire, elle facilite, par exemple, les rencontres entre experts issus de différents États membres, afin qu'ils partagent leurs connaissances ; elle élabore également des normes de sûreté et formule des exigences et des recommandations en matière de sécurité. Outre l'alimentation en énergie, la science et la technologie nucléaires ont de nombreux autres usages, et le travail de l'AIEA est tout aussi varié. Les applications et techniques nucléaires permettent de surveiller les émissions de gaz à effet de serre, de soutenir une agriculture respectueuse du climat et de permettre le développement de cultures plus résistantes. Elles améliorent la compréhension scientifique des changements qui s'opèrent dans l'atmosphère, les océans et les autres écosystèmes. Elles peuvent également être utilisées pour améliorer la sécurité alimentaire en contribuant au développement de nouvelles variétés de cultures ; fournir des données permettant d'optimiser les pratiques d'irrigation ; irradier les aliments pour en éliminer les bactéries nocives ; et aider à combattre les insectes nuisibles grâce à la technique de l'insecte stérile.

Dans le domaine de la santé, les techniques nucléaires permettent de diagnostiquer et de traiter des maladies telles que le cancer, ainsi que d'identifier et de combattre la malnutrition. Cette année, l'Agence a lancé l'initiative mondiale Rayons d'espoir, qui a débuté en Afrique et s'est étendue à toutes les régions du monde. Elle a pour objectif d'aider les États membres qui n'ont pas, ou ont trop peu, de moyens pour lutter contre le cancer, notamment grâce à l'utilisation de la radiothérapie et de l'imagerie médicale. La science nucléaire permet également de détecter des maladies infectieuses telles que la Covid-19, la dengue, Ebola et Zika. Alors que le monde est en train de se relever de la Covid-19, nous nous tournons déjà vers l'avenir. Le projet d'action intégrée de l'AIEA contre les zoonoses, ou ZODIAC (Zoonotic Disease Integrated Action), aide déjà les États membres à mieux se préparer aux pandémies à venir.

L'accès à l'eau potable est menacé dans de nombreuses régions du monde. Des applications nucléaires peuvent être utilisées pour trouver, étudier et protéger les ressources en eau, surveiller l'acidification des océans et la pollution plastique marine. Elles peuvent également contribuer au recyclage du plastique et traiter les eaux usées industrielles lorsque les molécules de pollution sont trop grosses pour les méthodes traditionnelles. En ce qui concerne la lutte contre le fléau de la pollution plastique, l'initiative de l'AIEA appelée Technologie nucléaire au service de la lutte contre la pollution par le plastique (NUTEC Plastics : *Nuclear Technology for Controlling Plastic Pollution*) a permis de fournir des kits de surveillance des microplastiques marins et de renforcer les capacités des pays du monde entier.

Le travail de l'AIEA s'étend à tous ces domaines, qui sont d'une importance cruciale. Notre rôle, en tant que forum intergouvernemental central pour la coopération scientifique et technique dans le domaine nucléaire, est de veiller à ce que les pays continuent à coopérer pour garantir un usage pacifique du nucléaire, dans une culture qui donne la priorité à la sûreté et à la sécurité.

Pouvez-vous nous expliquer en quoi cette instance a véritablement la capacité de réguler, de contrôler, de sécuriser le nucléaire civil au niveau international et donc de rassurer les populations ? Pouvez-vous nous donner des exemples concrets de types de mécanismes, d'outils de surveillance, de collaborations qui permettent vraiment de garantir la protection, en particulier des populations ?

L'énergie nucléaire est aujourd'hui plus sûre que jamais. En fait, en moyenne, c'est la forme d'énergie la plus sûre en termes de taux de mortalité par kWh produit, après l'énergie solaire. Mais le risque d'accidents majeurs, comme ceux que nous avons connus à Tchernobyl en 1986 et à la centrale nucléaire de Daiichi à Fukushima en 2011, exige des améliorations constantes. C'est le principe clé de la sûreté nucléaire, et l'AIEA aide les pays à mettre en place et à maintenir de bonnes pratiques en matière de sûreté. Sans elles, nous ne pourrions tout simplement pas bénéficier des nombreux avantages de la science et de la technologie nucléaires que j'ai mentionnés précédemment. La gravité potentielle d'un accident nucléaire exige un cadre de sûreté et de sécurité solide, associé à une mise en œuvre universelle. L'AIEA joue un rôle majeur dans ces deux domaines. Elle élabore des normes de sûreté, des exigences de sécurité et des recommandations qui reflètent un consensus international sur le plus haut niveau de sûreté et de sécurité. Elle aide les pays à appliquer ces normes, exigences et recommandations et à développer une infrastructure de régulation solide. Les examens par des pairs et les services consultatifs de l'AIEA facilitent les évaluations transfrontalières des programmes d'énergie nucléaire.

L'AIEA aide également les législateurs et les experts du monde entier à améliorer la sécurité nucléaire, à gérer les sources radioactives et à combattre le terrorisme nucléaire. Ce faisant, elle réduit le risque que des matières nucléaires ou d'autres matériaux radioactifs soient utilisés pour commettre des actes criminels ou des actions illicites intentionnelles, qui créent une menace pour la sécurité internationale. Après l'accident survenu en 1986 à la centrale nucléaire de Tchernobyl, l'AIEA a joué un rôle central dans le développement d'une culture mondiale de la sûreté. Après celui de la centrale nucléaire de Fukushima-Daiichi, l'AIEA a collaboré avec le Japon dans des domaines tels que la surveillance des radiations, la dépollution, la gestion des déchets et le démantèlement. Entre ces deux accidents, l'AIEA a développé des « mesures réflexes » de préparation et de réaction en cas d'urgence, qui comprennent des procédures, une infrastructure, des réseaux et un savoir-faire. Le Centre des incidents et des urgences (IEC : Incident and Emergency Centre) de l'AIEA a ouvert ses portes en 2005, avec pour mandat de répondre aux urgences nucléaires et radiologiques, qu'elles soient causées par des catastrophes naturelles, des défaillances en matière de sûreté ou des intentions malveillantes.

Toute situation impliquant des matières radioactives peut susciter des craintes chez de nombreuses personnes, souvent parce que le concept de rayonnement ne leur est pas familier. L'Agence aide les pays à renforcer la confiance du public dans l'énergie nucléaire par une sensibilisation honnête et cohérente et par l'engagement des parties prenantes.

Depuis le début du conflit en Ukraine, l'AIEA, en étroite collaboration avec ce pays, a fait des progrès notables en abordant ce qui doit être fait pour maintenir le plus haut niveau possible de sûreté et de sécurité dans les installations nucléaires ukrainiennes. Même dans cette situation instable et sans précédent, avec l'Ukraine et le soutien généreux de nombreux États membres, nous avons réussi à développer et commencé à mettre en œuvre le programme complet d'assistance qui contribuera à faire respecter les sept piliers inaliénables de la sûreté et de la sécurité nucléaires, au milieu du premier conflit militaire se déroulant autour des installations d'un grand programme d'énergie nucléaire. Ces derniers mois, j'ai dirigé plusieurs missions en Ukraine : à la centrale nucléaire d'Ukraine du Sud, à la centrale nucléaire de Tchernobyl et dans la zone d'exclusion qui l'entoure, quelques semaines seulement après le retrait des troupes russes du site, et enfin à la centrale de Zaporizhzhya. La situation en Ukraine est sans précédent. Jamais un pays avec un programme nucléaire développé n'a été impliqué dans un conflit militaire. Jamais une centrale nucléaire n'a été l'objet de bombardements répétés, et n'a perdu à plusieurs reprises l'alimentation électrique hors site, ce qui a nécessité de recourir aux diesels de secours pour assurer le refroidissement du cœur. L'AIEA a assisté l'Ukraine et fait la lumière sur la situation dès le début, avec pour objectif de mettre en œuvre tout ce qui est possible afin de protéger les vies et les moyens de subsistance d'un accident nucléaire. Aujourd'hui, des équipes de l'AIEA sont positionnées dans les cinq centrales nucléaires du pays, y compris dans la plus grande centrale d'Ukraine et d'Europe, celle de Zaporizhzhya (ZNPP), sous contrôle de la Russie et sur la ligne de front. Les activités militaires à proximité de ZNPP sont en hausse, et il n'y a pas de temps à perdre – il est urgent de protéger la centrale. Je pense que c'est l'une des responsabilités essentielles de l'AIEA et de la communauté internationale. C'est pourquoi je continue sans relâche de négocier au plus haut niveau avec l'Ukraine et la Fédération de Russie afin d'assurer la protection de Zaporizhzhya. L'AIEA, et moi-même, faisons tout ce qui est en notre pouvoir pour atteindre cet objectif.

Observez-vous depuis votre position internationale une meilleure acceptation et réception du nucléaire civil dans les différents pays, en particulier dans la lutte

contre le réchauffement climatique ? Comment analysez-vous ce phénomène ? Les SMR jouent-ils un rôle dans ce changement de perception ? Ou encore des innovations à venir comme la fusion ? En quoi le nucléaire civil évolue aujourd'hui vers une réduction de ses risques et une amélioration de ses performances ? Enfin, comment l'AIEA accompagne-t-elle cette évolution ?

La crise énergétique à laquelle nous sommes confrontés actuellement est la plus grave que nous ayons connue depuis le choc pétrolier des années 1970. L'Agence internationale de l'énergie (AIE) la décrit comme la première crise énergétique véritablement mondiale. Les dirigeants qui cherchent à renforcer la sécurité de l'approvisionnement énergétique ont maintenant le choix entre augmenter la production de charbon, de pétrole et de gaz, ou promouvoir des sources d'énergie à faible teneur en carbone. Cela a changé la donne en ce qui concerne le nucléaire, qui avec l'hydroélectricité est l'une des deux seules sources d'énergie à faible teneur en carbone véritablement pilotable, capable de fournir de l'énergie lorsqu'il n'y a pas assez de vent pour faire tourner les éoliennes ou de soleil pour éclairer les panneaux solaires. La Belgique a reporté ses plans de sortie du nucléaire, la République de Corée relance sa production d'énergie nucléaire, et le Japon, un pays qui s'était détourné du nucléaire après l'accident dévastateur de Fukushima-Daiichi, en 2011, a prévu de rendre plus de centrales opérationnelles dans cette décennie, et même de relancer la construction de nouveaux réacteurs. La France a annoncé son intention de relancer son programme d'énergie nucléaire, et les dirigeants britanniques ont exprimé leur ambition de faire de même. La Chine et l'Inde investissent massivement dans le nucléaire civil, et en Amérique latine, les pays qui possèdent déjà l'énergie nucléaire prévoient également de la développer. De plus, une trentaine de nouveaux pays, dont beaucoup de pays en développement, planifient ou envisagent de lancer des programmes d'énergie nucléaire.

L'Agence soutient à la fois les pays disposant de programmes existants et ceux qui se lancent dans des programmes nucléaires à renforcer leurs capacités en matière de planification et d'analyse énergétiques, ainsi que de gestion des informations et des connaissances nucléaires. Notre expertise est mise à la disposition de nos États membres à tous les stades du cycle du combustible nucléaire – depuis l'extraction jusqu'aux déchets – afin d'aider les pays à améliorer leur sécurité énergétique, à fonctionner en toute sécurité, pour limiter les impacts sur l'environnement et la santé et atténuer le changement climatique.

Pour atteindre leurs objectifs énergétiques et environnementaux, les pays devront au moins doubler leur capacité d'ici 2050. Une partie de cette augmentation proviendra de technologies qui ne sont pas encore largement disponibles, comme les *small modular reactors* (SMR). Avec une capacité énergétique représentant environ un tiers de la taille des réacteurs nucléaires traditionnels et un encombrement au sol réduit, les SMR peuvent être utilisés dans des endroits qui ne conviendraient pas à de grandes centrales nucléaires, en particulier dans des pays en développement. La construction des réacteurs SMR est plus que celle des réacteurs de grande taille, ils seront plus rapides à déployer, et aussi encore plus sûrs du fait de leur conception. Quelque 80 projets sont déjà en cours de développement et de promotion dans le monde. Ils doivent jouer un rôle dans la lutte contre le changement climatique.

Récemment, au sein de l'AIEA, nous avons lancé l'Initiative d'harmonisation et de normalisation nucléaire (NHSI : Nuclear Harmonization and Standardization Initiative). La NHSI facilite l'harmonisation et la standardisation des petits réacteurs modulaires, qui sont considérés comme une technologie d'avenir pour l'énergie nucléaire.

La fusion nucléaire continue également à progresser. Si la recherche mondiale a connu des avancées impressionnantes dans le domaine de la fusion et de la physique des plasmas, le défi reste de prouver que l'utilisation de la fusion comme source d'énergie est scientifiquement faisable. Cela nécessite une collaboration internationale importante. L'AIEA soutient la recherche sur l'énergie de fusion depuis le début et aide les États membres à échanger et développer leurs connaissances sur la science et la technologie de la fusion.

Avec le nucléaire, nous disposons des outils nécessaires pour lutter contre l'impact du réchauffement planétaire et fournir l'énergie qui alimente le développement économique. Forte de ses 176 États membres, l'AIEA est l'institution mondiale clé qui rend ces outils plus largement accessibles sur tous les continents, et qui veille à ce qu'ils soient utilisés de manière sûre, sécurisée, et uniquement à des fins pacifiques.

La sûreté nucléaire

Amiral (2S) Jean Casabianca
Inspecteur général pour la Sûreté nucléaire et la radioprotection (IGSNR) du groupe EDF

Définitions

La production d'énergie électronucléaire est l'industrie qui, avec l'aéronautique, fait l'objet d'une organisation internationale de référence et d'une législation nationale des plus strictes. L'enjeu est bien de bénéficier pleinement de cette source d'énergie, pilotable, décarbonée, gage de notre souveraineté énergétique dans le respect de l'environnement, et d'en maîtriser, de manière lucide et raisonnée, les risques et les inconvénients.

Les pouvoirs publics, après une analyse des risques classiques ou radiologiques pour le public et l'environnement, soucieux d'assurer avec rigueur et en toute transparence leur protection contre tout type d'incident ou d'agression, ont progressivement mis en place une organisation dont les principes sont globalement les mêmes, quels que soient le pays et l'exploitant, et qui a atteint en

France une grande maturité, portée par un haut niveau d'exigences. Il s'agit de la sécurité nucléaire, qui vise à se prémunir de l'ensemble des risques liés à l'utilisation de l'énergie nucléaire et qui se décline en sûreté nucléaire, radioprotection, prévention et lutte contre la malveillance, et enfin, actions de sécurité civile en cas d'accident.

La sûreté nucléaire est « l'ensemble des dispositions techniques et des mesures d'organisation relatives à la conception, à la construction, au fonctionnement, à l'arrêt et au démantèlement des installations nucléaires de base ainsi qu'au transport des substances radioactives, prises en vue de prévenir les accidents ou d'en limiter les effets ». L'organisation de la sûreté en France respecte notamment les préconisations générales émises par l'Agence internationale de l'énergie atomique (AIEA) et des guides de référence internationaux du Groupe consultatif international pour la sûreté nucléaire (INSAG : International Nuclear Safety Advisory Group) : « Pour l'industrie nucléaire, la sûreté demeure la priorité absolue. Si les mêmes traits de culture s'appliquent à la radioprotection, la sécurité et l'environnement, c'est la sûreté qui est primordiale et incarnée dans les sites, sans relâche [...]. Le nucléaire exige une culture de sûreté solide étant donné les caractéristiques particulières et les risques très spécifiques de cette technologie, à savoir la radioactivité, la concentration d'énergie dans le cœur du réacteur et la puissance résiduelle[1]. »

---

1. World Association of Nuclear Operators (WANO), Association mondiale des exploitants nucléaires : *Traits of a Healthy Nuclear Safety Culture.*

Principes

Il s'agit donc à la fois d'assurer le fonctionnement normal de l'installation en limitant, autant que possible, la production d'effluents et de déchets radioactifs ainsi que l'exposition des travailleurs aux rayonnements ionisants. Il s'agit aussi de prévenir les incidents, accidents ou encore la dispersion incontrôlée de produits radioactifs sur les populations et dans l'environnement et, dans l'hypothèse de survenue de telles situations, d'en limiter les effets.

Au regard de la nature du risque, les trois fonctions de sûreté à respecter tout au long du cycle de vie d'un réacteur nucléaire sont :

- le contrôle de la fission nucléaire, source de puissance, ou « maîtrise de la réactivité » ;
- le maintien du refroidissement du combustible en toutes circonstances (y compris à l'arrêt : la puissance résiduelle qui continue à se dégager après l'arrêt de la réaction en chaîne doit être évacuée afin de maintenir l'intégrité du combustible) en garantissant l'extraction, le transport et l'évacuation de la puissance thermique par la « permanence de la source froide » ;
- le « confinement des produits radioactifs » produits par la réaction en chaîne et par l'activation des matériaux et fluides soumis à irradiation.

Le principe de « défense en profondeur », décliné pour les installations nucléaires, consiste à prendre en compte de façon systématique et déterministe les défaillances des dispositions matérielles, techniques, humaines ou organisationnelles et à s'en prémunir par des lignes de défense successives et complémentaires. Il conduit à mettre en place des systèmes diversifiés, redondants et secourus afin d'assurer en toutes circonstances les trois fonctions de sûreté et de préserver en permanence l'intégrité des trois barrières physiques prévues entre les substances radioactives, le public et l'environnement. La défaillance de l'une ne doit en aucun cas entraîner celle d'une autre.

Il s'agit en premier lieu de la gaine contenant les pastilles de combustible, qui doit être maintenue sous eau pour extraire ses calories et ainsi préserver son étanchéité. L'enveloppe du circuit véhiculant l'eau au contact des éléments combustibles, dite circuit primaire, constitue la seconde barrière. Son étanchéité est garantie par sa résistance mécanique aux paramètres d'exploitation (température et pression élevées), sa tenue aux phénomènes physico-chimiques de corrosion et aux différentes agressions identifiées.

La troisième barrière est constituée principalement de l'enceinte de confinement (une paroi de béton revêtue d'une peau interne en acier, ou deux parois de béton avec espace interstitiel). Elle doit résister aux explosions internes, à l'incendie et aux agressions externes (aléas climatiques, séismes, malveillance…).

Ainsi, dès la conception, l'ensemble des moyens et des parades nécessaires au respect des principes de sécurité en toutes circonstances, c'est-à-dire en exploitation normale, en cas d'incident ou d'accident, fait l'objet d'une démonstration de sûreté déterministe. Conduite par l'exploitant, elle doit apporter la preuve que les risques d'accident (radiologiques ou non) et l'ampleur de leurs conséquences sont aussi faibles que possible dans des conditions économiques acceptables. La démarche est particulièrement robuste et concerne l'ensemble des matériels et systèmes, les bâtiments et structures de génie civil qui les accueillent ainsi que les procédures de conduite pour la protection et la sauvegarde du réacteur.

Des études d'accidents comportant des hypothèses particulièrement pénalisantes et préservant de nombreuses marges induisent un dimensionnement prudent des matériels importants pour la sûreté. Leur fiabilité est de plus garantie par un ensemble d'exigences visant à prévenir leur défaillance, de la redondance à la séparation géographique en passant par la diversification des fournisseurs, le niveau de fabrication et les codes de conception, jusqu'à la qualification aux conditions extrêmes accidentelles – tenant au séisme ou à l'incendie, résistance à l'immersion ou à l'explosion. L'ensemble des éléments de démonstration de sûreté sont rassemblés ou cités dans un rapport de sûreté, qui tient lieu d'étude de dangers telle que prévue par le Code de l'environnement, et à ce titre soumis à l'approbation, au nom de l'État, d'une autorité administrative indépendante et experte, l'Autorité de sûreté nucléaire (ASN).

À la construction, lors de la mise en service et durant l'exploitation, l'application du principe de la défense en profondeur se décline à travers les lignes de défense que sont la prévention, la surveillance et l'action déclinées dans les différents chapitres des règles générales d'exploitation (RGE).

Les principes internationaux et la réglementation (arrêté INB[1], installation nucléaire de base) distinguent cinq niveaux de défense successifs qui doivent être suffisamment indépendants : la maîtrise du fonctionnement normal de l'installation et la prévention des incidents ; la détection, la maîtrise des incidents et le maintien dans un état sûr ; la maîtrise des accidents et le retour dans un état sûr ; la gestion des accidents graves de façon à limiter les conséquences externes ; et enfin la protection des populations. Les quatre premiers niveaux relèvent de l'exploitant, le dernier des pouvoirs publics, et la défaillance d'un ou plusieurs niveaux ne remet pas en cause les niveaux suivants.

Afin de garantir la sûreté telle qu'établie à la conception, l'exploitant s'assure en permanence de disposer de matériels disponibles et fiables (procédures de maintenance, essais périodiques) mis en œuvre par du personnel d'un haut niveau de compétences (formation, entraînement, habilitations) au sein d'une organisation de travail efficace. La sûreté ne peut en effet être garantie que si les

---

1. Arrêté du 7 février 2012 fixant les règles générales relatives aux installations nucléaires de base.

rôles et les responsabilités sont parfaitement définis, avec un système de pilotage basé sur les résultats et les principes de la qualité, et en capacité de tirer profit du retour d'expérience.

Malgré la rigueur de l'approche, visant l'exhaustivité de l'analyse des risques et plaçant des parades en regard, il convient de surcroît de se préparer à faire face à des situations mal anticipées à la conception. C'est pourquoi l'approche française de la sûreté affiche une logique d'amélioration continue. Dans le cadre de réexamens périodiques, il est prévu le renforcement du référentiel d'exigences de sûreté en intégrant, outre l'amélioration des connaissances scientifiques et l'évolution des standards internationaux, les leçons de l'expérience, et tout particulièrement celles des grands accidents industriels, nucléaires ou non. Les modifications post-Fukushima sont ainsi destinées à être en mesure de faire face à des situations extrêmes et imprévues.

Acteurs

En France, la loi relative à la transparence et à la sécurité en matière nucléaire[1] institue un régime légal complet des INB et des transports de matières radioactives. Elle définit l'ensemble des actes juridiques applicables à ces activités, des autorisations de création au démantèlement,

1. Loi TSN n° 2006-686 du 13 juin 2006.

en passant par les contrôles et les éventuelles sanctions pénales.

Elle instaure une autorité de sûreté nucléaire indépendante, et traite aussi de l'information du public en matière de sécurité nucléaire, en renforçant le droit à l'information localement, en donnant un véritable cadre légal aux commissions locales d'information (CLI), en instituant un Haut Comité pour la transparence et l'information sur la sécurité nucléaire (HCTISN), afin de généraliser le débat au niveau national.

En France, la sûreté nucléaire concerne donc les acteurs principaux suivants :

- les exploitants, responsables au premier chef de la sûreté de leurs installations ;
- l'Autorité de sûreté nucléaire (ASN) qui fixe les objectifs et s'assure de leur atteinte, avec son appui technique, l'Institut de radioprotection et de sûreté nucléaire (IRSN) et ses commissions d'experts (groupes permanents) ;
- les autorités publiques (Parlement) auxquelles l'Autorité de sûreté rend compte de son action ;
- les représentants de la société civile.

Le premier des principes fondamentaux de l'affirme que « la responsabilité première en matière de sûreté doit incomber à la personne ou à l'organisme responsable des installations et activités entraînant des risques radiologiques ». C'est dans cet esprit qu'est établie la politique de sûreté du groupe EDF, dont la dernière mise à jour date du 12 février 2021. À côté de la culture de sûreté, trois principes clés du management de la sûreté sont mis en avant : le leadership, le développement des compétences et l'engagement du personnel, l'amélioration continue des performances (qui s'appuie sur un pilotage par les résultats et sur des processus de management).

Enfin, les actions de contrôle interne s'exercent aux différents niveaux de l'organisation, depuis le niveau local sur le terrain, à l'aide de méthodes telles que l'autocontrôle par l'intervenant et le contrôle croisé par un pair, jusqu'aux services centraux. De même, EDF s'est dotée d'une filière indépendante de sûreté (FIS) qui exerce une mission double : d'une part, mener une analyse de la sûreté indépendante, d'autre part, apporter en cas de besoin un appui technique pour tout ce qui concerne la sûreté.

Les dispositions mises en œuvre par les sites font régulièrement l'objet de contrôles par les auditeurs internes des missions sûreté qualité (MSQ) de ces sites, et d'inspections par l'Inspection nucléaire de la Division production nucléaire.

Par ailleurs, l'inspecteur général pour la sûreté nucléaire et la radioprotection (IGSNR) d'Électricité de France réalise, pour son président-directeur général, des bilans globaux de l'état du parc en matière de sûreté et de radioprotection. Ceux-ci sont rendus publics. Des sites font aussi l'objet d'évaluations par des pairs dans le cadre de l'association WANO ou des missions Operational Safety Review Team (OSART) de l'AIEA.

Ainsi, la sûreté nucléaire n'est pas un simple concept ni une organisation, c'est un état d'esprit qui s'appuie sur une culture forte partagée à tous les niveaux du groupe EDF. La démarche sûreté est fondée sur une attitude interrogative, autoapprenante et qui tire les enseignements des évènements et des précurseurs. Avec rigueur, elle se déploie suivant les principes de la défense en profondeur, elle est contrôlée et challengée en interne par la FIS, par les inspections et par l'IGSNR, et en externe par une autorité indépendante, l'ASN qui bénéficie de l'expertise de l'IRSN.

Rigueur dans l'exploitation, indépendance du contrôle et transparence la caractérisent tout au long de la vie d'une installation nucléaire.

Les déchets nucléaires : talon d'Achille ou atout du nucléaire ? L'exemple de la France[1]

Jean-Paul Bouttes
Ancien directeur de la Stratégie et de la Prospective du Groupe EDF

Les déchets nucléaires sont régulièrement évoqués dans les débats sur les politiques énergétiques sous un jour négatif : ils sont présentés comme un risque sanitaire pour les populations présentes comme pour les générations futures, comme un problème qui n'a pas de solution technique satisfaisante, au point de représenter un obstacle majeur pour la poursuite du programme nucléaire en France. Cette présentation ne reflète pas la réalité des déchets nucléaires en termes de dangerosité et de solutions déjà trouvées. En outre, elle oublie d'établir une échelle des risques et des bénéfices des activités

1. Cet article s'inspire largement de celui paru dans le numéro 210-211 de novembre 2021 de la revue *Passages* dirigée par Émile Malet, ainsi que de l'ouvrage (plus complet) publié en janvier 2022 par la Fondation pour l'innovation politique (Fondapol) : *Les déchets nucléaires, une approche globale.*

humaines de nos sociétés industrialisées, qui permettrait d'apprécier correctement ceux des déchets nucléaires et de mettre en valeur les atouts pour les générations futures de la filière nucléaire, au regard des autres filières industrielles et énergétiques utiles pour notre société. Enfin, elle ne s'intéresse pas aux conditions de réussite concrètes d'une gestion sûre de ces déchets, qui tiennent à la qualité des institutions démocratiques et à l'efficacité de l'État.

Une énergie très concentrée qui produit des déchets en faibles quantités

L'énergie nucléaire présente la grande qualité de produire une importante quantité d'électricité grâce à des volumes de matière extrêmement faibles : la fission d'une tonne d'uranium produit autant d'électricité que la combustion de 2 millions de tonnes de pétrole. 1 000 tonnes d'uranium enrichi (à partir de 8 000 tonnes d'uranium naturel) fournissent 400 TWh, soit les trois quarts de l'électricité produite chaque année en France. Mais le revers de la médaille de cette concentration d'énergie est le caractère dangereux des matières manipulées et des déchets produits. L'essentiel de la radioactivité et de la radiotoxicité des déchets nucléaires provient des combustibles usés, soit 1 000 tonnes par an. Et l'ensemble des volumes de déchets nucléaires de la filière (y compris à très faible activité) représente moins d'un cinquantième des déchets très toxiques produits annuellement en France par l'industrie.

Or, parmi ces combustibles usés, 950 tonnes d'uranium et de plutonium peuvent être réutilisées. Le plutonium est actuellement recyclé dans les centrales françaises, avec une petite partie de l'uranium appauvri issu de l'enrichissement. Les 50 tonnes restantes de produits de fission (dont 49 tonnes de césium, strontium...) et actinides mineurs (1 tonne d'américium, neptunium, curium) sont vraiment des déchets car sans perspective d'utilisation en l'état des connaissances actuelles. Ces déchets à haute activité radioactive (HA), qui concentrent l'essentiel de la radioactivité des déchets nucléaires et dont la durée de vie radioactive peut être longue, représentent un volume extrêmement réduit, de 10 000 m^3, soit un cube de 22 m d'arête, pour cinquante ans de fonctionnement du parc nucléaire français.

À court et moyen terme, des déchets dangereux, concentrés et traçables, dont on sait protéger les populations

Les dangers liés à la radioactivité de ces déchets n'ont rien à voir avec ceux de la bombe atomique, ou même ceux liés aux réactions de fission à l'œuvre dans le cœur des réacteurs en fonctionnement. Les phénomènes physiques sous-jacents sont en effet différents : effet de souffle et boule de feu pour l'explosion atomique, réaction de fission en chaîne dans les réacteurs. Ils diffèrent du phénomène naturel et progressif dans le temps de la décroissance radioactive des noyaux des atomes instables qui composent les déchets. Par ailleurs, ces déchets sont plus dangereux lors de leur sortie du réacteur, car très radioactifs, avec notamment des rayonnements gamma qui correspondent au risque associé au nucléaire dans l'inconscient collectif : des rayonnements qu'on ne voit pas et qui agissent par irradiation externe. Mais leur dangerosité décroît dans le temps en fonction de leur durée de vie, c'est-à-dire *le temps que met le rayonnement à voir son intensité divisée par deux.* L'essentiel de ces déchets émettant ces rayonnements gamma, les produits de fission à vie courte (comme le césium 137), voient leur activité divisée par 1 000 au bout de trois siècles. L'enjeu est donc d'abord de protéger les générations présentes de ces rayonnements gamma durant les prochaines décennies. Cette caractéristique a conduit le secteur nucléaire à trouver très vite des solutions adaptées à chaque catégorie de déchets.

Cette protection est assez simple à mettre en œuvre : quantité de déchets limitées et traçables, petit nombre d'acteurs permettant un contrôle étroit de leurs compétences et de leur activité par l'État, et techniques efficaces de confinement et de protection car, pour arrêter les rayonnements, il suffit d'entourer les déchets de plomb, d'acier, de béton ou d'eau (matrices de verre pour les déchets HA, colis et conteneurs en acier et en béton, entreposages sous eau ou à sec). La sûreté de ces entreposages des déchets HA comme des combustibles usés avant retraitement est contrôlée par l'Autorité de sûreté nucléaire

(ASN), et les dernières décennies ont permis de constater l'absence d'impacts sur l'homme et l'environnement.

À long terme, des dangers comparables à ceux des déchets industriels toxiques pour les générations futures, et plusieurs solutions possibles

Au-delà de quelques siècles, le danger des déchets nucléaires est lié pour une part importante aux actinides mineurs et au plutonium (actinide majeur), si celui-ci n'a pas été recyclé pour produire de l'électricité dans une centrale électrique. Le danger est alors différent : les déchets ne doivent pas être inhalés ou ingérés, car ils produisent des rayonnements alpha (émissions de noyaux d'hélium qui peuvent être arrêtés facilement par une feuille de papier). Leur voie d'accès au corps humain est donc similaire à celle de déchets industriels comme l'arsenic, les métaux lourds, la dioxine ou le cyanure, qui sont des poisons à faibles doses. À la différence de ces toxiques chimiques dont la durée de vie est souvent infinie, les actinides voient leur activité alpha disparaître progressivement, au bout de plusieurs milliers d'années pour l'américium 241 et de centaines de milliers d'années pour le plutonium 239.

Les produits de fission à vie longue présentent une radiotoxicité potentielle nettement plus faible que les actinides au-delà de trois cents ans, mais ils sont plus mobiles et solubles, contrairement aux noyaux lourds des transuraniens. Il faut donc veiller à limiter leur impact résiduel lié à leur activité bêta, aux rayons X associés et aux quelques gamma beaucoup plus rares.

La protection des populations consiste logiquement à empêcher tout risque de migration à très long terme de ces déchets dans les nappes phréatiques et les chaînes alimentaires. Les travaux de recherche scientifique importants menés ces trois dernières décennies en France et dans le monde ont développé trois solutions techniques complémentaires pour atteindre ce but :

- diminuer les volumes d'actinides à stocker en recyclant le plutonium, dix fois plus abondant que les actinides mineurs dans ces combustibles usés. On sait l'utiliser en monorecyclage dans les centrales actuelles à eau pressurisée (REP), et on pourra le faire de façon plus complète dans les réacteurs à neutrons rapides (RNR). La transmutation de l'américium est cependant une perspective à plus long terme, qui suppose l'existence d'un parc RNR. Celle des produits de fission vie longue n'est pas encore accessible. Les voies de recherche sur ces questions se poursuivent à horizons plus éloignés, avec, au-delà des RNR connus utilisant le sodium ou le plomb, les sels fondus, les ADS (*Accelerator Driven System*, utilisant un accélérateur de protons, une cible de spallation et un réacteur rapide sous-critique) et l'utilisation possible des lasers à la place de l'accélérateur de protons ;
- entreposage en surface dans la durée (mis en place depuis plusieurs décennies) ;

- stockage dans des couches géologiques adaptées (pour les actinides et les produits de fission à vie longue), stables à l'échelle de millions d'années, sans circulation d'eau, et qui empêchent les radionucléides de circuler vers les nappes phréatiques ou la surface. En France, le site situé en Meuse et en Haute-Marne a été retenu pour les très bonnes propriétés de son argile, et la zone de stockage favorable identifiée en 2005 représente, à une profondeur de 500 m, une superficie de 250 km^2. Il existe en France et dans d'autres pays d'autres sites possibles exploitant les propriétés favorables de l'argile (Belgique, Suisse), du granite (Suède, Finlande) ou du sel (États-Unis, Allemagne). Les études approfondies effectuées sur le site de Meuse et Haute-Marne depuis plusieurs décennies sous l'égide du Parlement (lois de 1991 et de 2006) et de l'Office parlementaire d'évaluation des choix scientifiques et technologiques (OPECST)[1] (et sous le contrôle de l'ASN) montrent que les radionucléides resteraient confinés à l'horizon de quelques centaines de milliers d'années ou du million d'années.

Du point de vue scientifique et technique, ce stockage géologique permettrait donc de répondre aux besoins de protection des générations futures à très long terme, suivant deux stratégies alternatives. Soit la France décide

1. *Cf.* ses rapports sur le sujet, en particulier celui de 2005.

d'utiliser transitoirement le nucléaire en cycle ouvert pour les seules cinquante ou cent prochaines années. Le site serait alors en capacité technique d'accueillir les combustibles usés produits par l'équivalent d'au moins une ou deux générations de parcs nucléaires supplémentaires ; soit la production d'électricité nucléaire se poursuit plus durablement pendant plusieurs siècles, en utilisant pleinement le combustible (y compris le plutonium) et l'uranium appauvri. Dans ce cas, on divise par deux ou trois l'espace de stockage en profondeur nécessaire par rapport au cycle ouvert. Le stock français actuel d'uranium appauvri permettrait un fonctionnement du parc RNR pendant plusieurs milliers d'années et la capacité technique du site serait suffisante pour le stockage des déchets à un horizon de plusieurs siècles.

Le choix des solutions à long terme dépend de l'évolution anticipée de nos sociétés

Les solutions techniques de gestion des déchets nucléaires existent donc, mais puisqu'elles s'inscrivent dans un temps qui dépasse quelques siècles, il est indispensable de réfléchir simultanément à l'état des sociétés qui seraient, le cas échéant, chargées de continuer leur mise en œuvre, et d'essayer de se mettre à la place des générations futures et d'imaginer ce que pourraient être leurs attentes et leurs capacités dans différents mondes possibles. En effet, l'entreposage de longue durée suppose un certain niveau de capacités scientifiques, techniques et économiques des sociétés futures, au contraire du stockage géologique, qui assure une sûreté passive jusqu'au moment où la décroissance naturelle de la radioactivité aura fait disparaître les dangers. Plusieurs scénarios sont ainsi possibles.

Si la société de demain est plus riche et plus scientifiquement développée que la nôtre, l'entreposage de longue durée en surface pourrait être préféré dans un premier temps (choix de la « réversibilité »), car il laisse aux générations futures mieux armées et plus prospères (plus « capables ») la possibilité de choisir, le moment venu, entre stockage en profondeur ou prolongation de l'entreposage de surface, et de mobiliser les innovations techniques éventuelles de transmutation pour diminuer les volumes de déchets.

Au contraire, si la société de demain n'a plus les capacités techniques et économiques nécessaires pour gérer des sites d'entreposage de déchets nucléaires, c'est à nous d'assurer leur protection, « redistribution » légitime, en réalisant le stockage géologique. La logique de ce scénario implique alors de fermer les alvéoles et le stockage dès qu'ils sont remplis afin d'assurer ainsi à cette société la protection « passive » qui ne nécessitera pas d'intervention de sa part.

Il nous faut choisir aujourd'hui en situation d'incertitude face à ces scénarios possibles de croissance ou de décroissance et de stagnation. Notre intuition morale devrait nous conduire à privilégier la protection des sociétés les plus défavorisées, même si leurs probabilités d'occurrence sont faibles, dans la mesure où ce stockage serait réalisable à un coût raisonnable[1].

Un choix à resituer dans la réflexion sur le « patrimoine » légué aux générations futures

Le choix que nous allons faire pour la société future en matière de déchets nucléaire ne prend tout son sens que considéré dans la perspective plus vaste de ce que nous voulons léguer aux générations futures en termes de risques et d'opportunités. Les activités humaines produisant des conséquences pour les générations futures à très long terme sont nombreuses, et certaines, comme les émissions de gaz à effet de serre, ont des impacts particulièrement préoccupants. Au cours des dernières décennies, l'activité humaine a connu un changement d'échelle considérable concernant la transformation de matières et la production de déchets de tous ordres (déchets chimiques toxiques, pollutions locales – le dioxyde de soufre : SO_2, l'oxyde d'azote : NOx, particules… –, émissions de CO_2, etc.). Établir une grille d'analyse des risques et des opportunités permet de hiérarchiser les risques de ces différentes activités

1. *Cf.* J.-P. Bouttes, C. Gollier, A.-L. Mascle Allemand, A. Pommeret et É. Preud'homme « Contre-expertise de l'évaluation socio-économique du projet CIGÉO », rapport au Secrétaire général pour l'investissement, février 2021.

de production et les dangers liés à leurs déchets, et donc les ressources qui seront consacrées à leur gestion, mais aussi de prendre en considération leurs bénéfices. Certains risques sont globaux, majeurs et irréversibles, comme le changement climatique ou la dégradation de la biodiversité à l'échelle de la planète. En revanche, la production de déchets nucléaires présente un risque significatif mais local, maîtrisable et comparable à celui des déchets toxiques d'autres filières. Ce risque doit être mis en regard avec la production d'une électricité sans émission de CO_2, peu consommatrice de matière, d'autant plus si on utilise l'uranium 238 et le plutonium, et très économe de surfaces pour ses implantations industrielles parce que très dense.

D'une façon générale, nous devons privilégier dans nos efforts les actions qui portent sur les risques majeurs et globaux concernant les générations futures. De ce point de vue, l'énergie nucléaire peut jouer un rôle utile en contribuant aussi à éviter des quantités importantes de déchets chimiques générés par d'autres modes de production d'énergie.

Une opportunité, mais avec des conditions de réussite liées à l'efficacité de l'État et à la qualité des institutions démocratiques

Cette analyse rapide fait donc apparaître l'intérêt de l'énergie nucléaire à un moment où la demande d'électricité s'accroît dans le monde, alors que la contrainte d'une production décarbonée se fait de plus en plus pressante. Mais il ne faut pas minimiser les difficultés que rencontre la mise en œuvre d'une bonne gestion des déchets nucléaires. Les conditions de réussite de cette gestion sont exigeantes.

Les modalités de gestion des déchets nucléaires dépendent au premier chef de la définition d'une stratégie énergétique et nucléaire claire et cohérente dans la durée : arrêt ou poursuite du nucléaire dans les cinquante à cent prochaines années, recyclage ou non du plutonium et de l'uranium appauvri. Ces choix conditionnent les besoins et les dimensionnements de toutes les phases de gestion des déchets : production de matrices et conteneurs adaptés, création des entreposages et des lieux de stockage géologiques… et nécessitent une programmation sur plusieurs décennies. Après un choix pionnier de la France d'un cycle fermé, c'est-à-dire utilisant les combustibles usés et notamment le plutonium, une série de décisions récentes a soulevé des interrogations sur la stratégie des décennies à venir : arrêt du projet de réacteur expérimental Astrid et donc fragilisation de la mise en œuvre d'une filière de réacteurs à neutrons rapides, absence de décision concernant de nouveaux réacteurs à eau légère, arrêt envisagé des réacteurs 900 MW qui recyclent les combustibles usés[1].

---

1. *Cf.* l'avis de l'ASN du 8 octobre 2020, et les auditions récentes de l'OPECST du 25 mars 2021 et du 3 décembre 2020.

En ce qui concerne la gestion des déchets, le projet de stockage géologique de CIGÉO en Meuse et Haute-Marne est prêt à être engagé ; les compétences industrielles et techniques sont réunies, il ne manque plus que la décision politique de passer au stade opérationnel et industriel. La gouvernance du projet est cependant actuellement trop complexe avec de nombreux intervenants dans la chaîne de décision et des responsabilités fragmentées, à un moment où il faudra mettre en œuvre un projet industriel de 25 milliards d'euros en maîtrisant sûreté, délais et coûts.

Un projet industriel de cette envergure nécessite, pour le piloter et en gérer la logistique à l'échelle de la centaine d'années, une stratégie claire et cohérente dans la durée et une allocation des responsabilités industrielles bien identifiée. Ce type de projet nous rappelle ce que devraient être le rôle et la responsabilité de l'État et des pouvoirs publics dans la gestion des communs. Pour assumer son rôle, l'État doit disposer de compétences de prospective à long terme afin d'éclairer les enjeux du système nucléaire et anticiper les besoins, et de compétences plus opérationnelles de pilotage de projets industriels de grande ampleur, comme CIGÉO.

L'histoire des débats en France sur les déchets nucléaires illustre également la nécessité de faire des progrès importants concernant le fonctionnement de nos institutions démocratiques pour traiter ces sujets (la gestion des déchets, mais encore davantage des sujets complexes comme l'évolution du climat ou la biodiversité). Ce fonctionnement doit s'appuyer sur le travail d'une expertise scientifique et technique transverse ainsi que sur la sollicitation de ressources prospectives et éthiques au service de l'intérêt général, des citoyens et des politiques, et non d'objectifs partisans ou militants.

Conclusion

Les déchets ne constituent donc pas un obstacle au développement du nucléaire civil : des solutions techniques existent ou peuvent être développées pour protéger les générations actuelles et les générations futures, ainsi que l'environnement, de risques qui sont bien identifiés. Les bénéfices potentiels de cette source d'énergie apparaissent clairement par rapport à ceux des autres filières industrielles ou énergétiques. Cependant, cette industrie nécessite des choix à long, voire très long terme, émanant d'une démocratie qui permette aux citoyens et au politique de disposer des éléments factuels utiles, et d'échanger au sein d'institutions adéquates pour s'approprier les termes des débats indispensables : que souhaitons-nous léguer aux générations futures en termes de biens communs ? Quelles sont les perspectives de progrès technique ? Quelle est la place de l'État et de quels outils dispose-t-il pour assurer dans la durée la cohérence de ces choix et la qualité des outils industriels nécessaires pour leur mise en œuvre ?

Cette réflexion autour de la gestion des déchets nucléaires s'inscrit dans une démarche visant une approche globale de ce problème[1] : elle s'appuie sur les éléments scientifiques et techniques disponibles, elle interroge notre responsabilité par rapport aux générations futures en utilisant les outils de la prospective, de l'économie, de l'histoire et de la philosophie, et elle tente d'analyser les leçons à tirer des dernières décennies concernant le fonctionnement de nos institutions démocratiques et le rôle et l'efficacité de l'État. Ce type d'approche globale et multidisciplinaire, insuffisamment pratiquée, devient pourtant indispensable pour traiter les problèmes particulièrement complexes auxquels nos sociétés sont désormais confrontées (évolution du climat, dégradation de la biodiversité, etc.), et parvenir à prendre en compte l'ensemble des enjeux collectifs associés à la gestion des biens communs.

---

1. *Cf.* J.-P. Bouttes, *Les déchets nucléaires : une approche globale*, Fondation pour l'innovation politique, février 2002. Cet ouvrage est également disponible en anglais sur le site de la Fondapol.

PARTIE IV

LE NUCLÉAIRE AUJOURD'HUI ET DEMAIN

Parce que c'est une énergie décarbonée, parce qu'il est à même de garantir une certaine indépendance énergétique, le nucléaire fait partie de la solution et nombreux sont ceux qui envisagent désormais de développer des programmes de construction de nouveaux réacteurs. Quel peut être le rôle des acteurs « historiques » dans cette phase de relance aujourd'hui acquise de l'industrie nucléaire ? Et celle-ci est-elle prête à relever le défi ?

William D. Magwood IV, à l'échelle mondiale, et Olivier Bard, au niveau français, partagent avec nous leur vision industrielle : qu'est-il possible de faire, quelles technologies faut-il privilégier, quels leviers activer pour être plus performants et quelles sont les alternatives futures ? Antoine Ménager, Renaud Crassous, Frank Carré et Greg De Temmerman détaillent les enjeux et conditions de réussite industrielle de chaque technologie : EPR, petits réacteurs modulaires, fusion... Ce chapitre nous invite à envisager l'avenir, certes sous « conditions », à la lumière de solutions qui hier encore nous semblaient de folles hypothèses.

Entretien

William D. Magwood IV

Directeur général de l'Agence pour l'énergie nucléaire (AEN) de l'OCDE

Comment voyez-vous évoluer la relation des pays à l'énergie nucléaire ?

Le regain d'intérêt pour le nucléaire est réel. Nous vivons une période assez inédite et pleine de promesses. De nombreux pays ont compris que les enjeux climatiques changent la donne, et que la perspective du zéro émission sont difficilement réalisable sans le nucléaire. Cela concerne ceux déjà équipés de centrales, comme la France, les Pays-Bas, le Japon, le Canada, les États-Unis, mais aussi de nouveaux États, dont l'engagement récent peut paraître plus étonnant, comme certains pays du Moyen-Orient, d'Amérique du Sud, d'Afrique. Pour un homme comme moi, qui a fait toute sa carrière dans cette filière, cet engouement est très stimulant. Et en même temps, justement parce que j'ai beaucoup d'expérience dans le domaine, je sais qu'il y aura beaucoup de travail et de défis à relever.

Quels sont ces défis ?

Le premier est le plus évident : c'est un défi industriel. En effet, l'industrie du nucléaire dans les pays occidentaux a été peu active ces vingt dernières années. Il faut, dans beaucoup de pays, remettre en marche une filière entière. Recréer une expertise collective prend beaucoup de temps. Et même si les nouveaux projets d'implantation sont bien préparés, à un moment, il faut les réaliser, les construire ; et ce passage à l'acte est forcément difficile. Les premiers nouveaux projets sont donc de véritables challenges. Dans les cinq prochaines années, beaucoup seront mis en œuvre dans des pays comme le Canada, les États-Unis, la Roumanie, et il faudra les mener à bien. Une fois ce cap passé, ce sera plus facile. Des exemples comme celui de la Corée du Sud, pays qui n'a jamais perdu son expertise nucléaire, prouvent qu'à l'usage, on peut revenir à un très bon niveau d'efficacité et de productivité.

Par ailleurs, l'innovation des petits réacteurs SMR permettra une plus grande agilité et une plus grande rapidité dans la mise en œuvre. Grâce aux petits réacteurs, les énergies carbonées utilisées jusqu'à maintenant pourraient être remplacées. D'ici cinq ans, plusieurs de ces nouveaux types de réacteurs devraient être disponibles sur le marché. Les pays « novices » en matière de nucléaire y trouveront une réponse à leur besoin de décarboner. Ces SMR peuvent aussi répondre à des besoins industriels très spécifiques, qui ne sont pas liés à la production d'électricité. Par exemple dans l'industrie chimique, où il est nécessaire de créer de très hautes températures.

Quel rôle votre organisation joue-t-elle dans la promotion du nucléaire et dans la transition énergétique ?

Nous sommes un facilitateur. Notre fonction, au niveau international, est d'amener les pays qui sont intéressés par l'industrie nucléaire à travailler ensemble pour rendre le nucléaire plus global, pour mutualiser les expériences. Nous encourageons les experts de différents horizons à collaborer, dans des domaines aussi divers que la réglementation, les nouvelles technologies, la sûreté, l'environnement, les aspects juridiques, etc. Nous identifions les manques, les lacunes, là où l'action des gouvernements peut être décisive pour rendre l'ensemble de la filière nucléaire plus efficace et plus globale. Nous menons et coordonnons les projets de recherche communs dans plusieurs pays. Nous aidons, par exemple, les organismes de réglementation de différents pays à se concerter pour délivrer ensemble, et non pas chacun de leur côté, des autorisations d'exploitation de nouvelles technologies. Nous soutenons aussi l'avenir de la filière, grâce à des programmes dans les universités, et même dans les lycées, le but étant d'encourager les nouvelles générations à s'intéresser aux métiers du nucléaire. L'enjeu est particulièrement fort en Europe, au Japon, moins aux États-Unis, où beaucoup d'étudiants valident des PhD en sciences du nucléaire. Le sujet de l'implication des femmes nous tient aussi particulièrement à cœur.

Comment les jeunes réagissent-ils à vos programmes ?

Les jeunes sont à la pointe du nouveau nucléaire. Ils n'ont pas les mêmes traumatismes que leurs aînés. Ils sont séduits par les nouvelles technologies. Plus de 90 projets sont en cours pour développer de nouvelles technologies nucléaires, et certaines sont très différentes des anciennes. Par exemple, certaines conceptions n'utilisent pas l'eau pour le refroidissement, mais des métaux liquéfiés ou des sels fondus. Elles s'appuient sur des systèmes de sûreté passifs, c'est-à-dire qui assurent la sûreté nucléaire sans intervention humaine. Ces jeunes qui s'impliquent dans la recherche ne sont pas là juste parce qu'ils « aiment l'industrie nucléaire ». Leur désir de participer à la lutte contre le dérèglement climatique est réel. Une nouvelle motivation, essentielle, les anime : sauver le monde.

Le nouveau nucléaire est plein d'avenir, mais certains l'accusent de coûter trop cher ; que leur répondez-vous ?

La prolongation de la durée de vie des centrales existantes est de loin la source d'énergie à faible émission de carbone la plus économique, mais il est vrai que les coûts d'investissement sont très élevés pour les nouvelles centrales. Cependant, si on ne raisonne qu'en termes de coût, on continue avec le charbon et le pétrole. L'énergie fossile sera toujours beaucoup moins chère, c'est pour cela que les taxes carbone sont nécessaires. À partir du moment où l'on s'est fixé un horizon zéro carbone, il faut s'en donner les moyens.

Cela étant dit, la rentabilité reste un des enjeux majeurs du nouveau nucléaire. Nous devons construire des centrales en respectant le budget et les délais, mais nous devons également moderniser la façon dont nous finançons toutes les sources d'énergie à faible émission de carbone, y compris l'énergie nucléaire.

Quels sont, selon vous, les pays qui peuvent servir de modèle pour avancer dans le bon sens ?

Ceux qui prennent véritablement le sujet de la transition énergétique au sérieux et analysent leurs options de manière équilibrée. Nous aidons nos membres en leur fournissant des analyses de ce type. Nous venons, par exemple, de conduire une analyse pour la Suisse portant sur les modèles les plus pertinents pour atteindre l'objectif zéro émission. Ces pays mènent une démarche complexe. J'admire particulièrement la façon dont le Royaume-Uni a su mener un processus de travail, agréger les expertises, le Canada aussi, pour sa gestion transparente du débat, son sens du dialogue, à l'image de la France, qui intègre à ces échanges les différents acteurs, experts et citoyens. Or, la transparence et un dialogue prenant en compte les différentes parties, sont des facteurs clés. Il faut placer le sujet des énergies et du nucléaire au cœur de la société, de façon dépassionnée. Les pays qui excluent les enjeux énergétiques du débat public ont moins de chance, selon moi, d'aboutir à un bon système.

Nous parlons beaucoup ici des pays occidentaux, mais la problématique n'est-elle pas différente pour les pays émergents ?

Ce serait illusoire de penser que les pays où sévit encore une grande pauvreté choisiront l'environnement au détriment du développement. Et dans ce contexte, il faut faire les deux et être capable de mettre en place très vite des modèles alternatifs aux énergies carbonées, compatibles avec un fort niveau de croissance. Cette contrainte de rapidité donne l'avantage aux SMR et aux énergies renouvelables.

De quoi avons-nous le plus besoin pour réussir cette transition énergétique ?

Il faut croire en l'avenir. Je pense que nous autres Occidentaux, habitués à notre confort, nous avons du mal à nous imaginer qu'en bougeant les lignes, en renonçant à certains de nos acquis, nous pouvons aussi atteindre autre chose, un avenir différent mais positif. L'être humain a toujours avancé en inventant, en repoussant les frontières du possible. J'ai grandi avec les rêves de la conquête spatiale, qui a eu lieu en pleine guerre froide. Tout n'était pas idéal mais il y avait un élan. Aujourd'hui aussi, nous pouvons avoir de grandes espérances. Il faut se donner une vision à long terme qui soit enthousiasmante et ne pas se laisser engluer dans le présent. Il faut faire confiance aux nouvelles générations. Et il ne faut pas que celles-ci se détournent de la science : nous avons besoin de chercheurs, nous avons besoin d'innovation.

Entretien

Olivier Bard

Délégué général du Groupement des industriels français de l'énergie nucléaire (GIFEN)

Après des années de recul, le nucléaire est à nouveau dans la lumière. La France projette de construire au moins six réacteurs EPR nouvelle génération. Dans quel état d'esprit les entreprises de la filière nucléaire abordent-elles ces défis ?

Avec un nouvel élan et, je dirais, « sans complexe » ! Car la filière nucléaire peut se prévaloir d'un bilan positif sur ces trente dernières années en ce qui concerne sa contribution à la préservation du climat, la compétitivité économique et la souveraineté énergétique. Grâce aux choix faits de nos prédécesseurs dans les années 1970, nous avons bénéficié pendant plusieurs décennies en France d'un outil de production qui a su démontrer sa pertinence. Les conséquences récentes de la guerre en Ukraine sur le paysage énergétique européen ont accéléré cette prise de conscience de l'atout que représente une industrie nucléaire dynamique et performante pour notre pays et, au-delà, pour l'Europe. À nous maintenant de mener à bien ce nouveau programme industriel qui est sans doute le chantier du siècle.

Diriez-vous que le nucléaire est la solution à tous les problèmes ?

Non, absolument pas. Le nucléaire n'est pas la seule solution : il faut viser un mix équilibré de sources d'énergie non émettrices de CO_2. D'autant que les entreprises de la filière sont bien conscientes des progrès qu'elles doivent faire pour toujours mieux maîtriser les processus industriels et garantir la qualité de leurs produits et de leur fabrication. Nous devons nous améliorer et nous améliorer encore. C'est comme cela que l'ensemble de la filière nucléaire française appuiera au mieux l'exploitant, EDF, et qu'elle lui permettra de produire de l'électricité nucléaire au moment où nos concitoyens en auront besoin.

Justement, compte tenu des déconvenues de l'EPR de Flamanville, comment pensez-vous honorer les livraisons d'au moins six EPR nouvelle génération d'ici 2035 ?

En soi, le fait d'envisager la construction de six EPR2 devrait faciliter le travail de notre industrie. Le nucléaire n'est pas une industrie différente des autres : elle a besoin d'une activité soutenue, d'un carnet de commandes rempli pour se donner de la visibilité, anticiper ses investissements et être performante. Un chaudronnier qui fait le même geste tous les jours est naturellement plus aguerri qu'un ouvrier qui fera ce même geste plus exceptionnellement.

Cependant, la dynamique industrielle ne fait pas tout. Nous sommes conscients que nous avons profondément besoin de transformer notre manière de penser la conception, la construction et la maintenance des centrales françaises. Le projet EPR2 doit à cet égard considérer la standardisation et l'industrialisation des processus comme des enjeux prioritaires. L'idée est de baisser les coûts et de simplifier le travail de tous. Ainsi, plusieurs leviers doivent être déployés dès la conception de la centrale. Les entreprises doivent être embarquées le plus tôt possible dans le projet par EDF pour aider les ingénieurs de conception à tenir compte de ce qu'elles savent produire afin de simplifier et d'uniformiser la construction. Il est prévu que les ingénieurs des différentes entreprises impliquées dans le projet travaillent sur une plateforme numérique commune, qui permette à tous d'être au courant en temps réel de l'état du design.

Certains processus industriels sont également anticipés dès la conception : les soudures, par exemple, feront bientôt l'objet d'un protocole standardisé que toute entreprise devra suivre. Ce souci de standardisation se retrouve aussi dans la diminution du nombre de références produits, comme les tuyaux ou les pompes. Puis, la performance viendra de la réplication du design d'un réacteur au suivant, de la répétition de son exécution et de l'amélioration de l'efficacité par l'expérience. C'est ça, l'effet de la standardisation et de la série. C'est comme un meuble Ikea, c'est plus facile à monter si toutes les vis sont identiques ;

on cale la méthode de montage sur le premier, puis on devient très efficace sur les suivants !

Il existe aussi des forts enjeux en matière de recrutement…

C'est un défi majeur aujourd'hui. La filière nucléaire française reste l'une des rares filières complètes et autonomes au monde, grâce à un des plus grands parcs en exploitation et à son implication dans quelques projets de construction en France et ailleurs ces vingt-cinq dernières années. Avec la perspective d'ouvrir une nouvelle phase de l'histoire du nucléaire en France, celle de la relance de la construction de nouveaux réacteurs, tout en préservant aussi longtemps que possible les réacteurs actuels, la filière nucléaire française doit répondre à un enjeu de redéploiement.

Pour cela, il faut attirer les talents dans notre filière. Le plan de charge consolidé de la relance du nucléaire conduit à estimer les besoins, toutes choses égales par ailleurs, à près de 10 000 nouveaux emplois par an dans les prochaines années pour renouveler les effectifs et assurer la croissance d'activité ! Au-delà des gains de performance, nous aurons donc à recruter massivement. Nous y travaillons au sein de l'Université des métiers du nucléaire, qui rassemble industriels et acteurs publics de la formation et de l'emploi. Ces besoins concernent certes des métiers spécifiques au nucléaire, mais aussi et surtout des métiers partagés avec les autres filières industrielles : soudeurs, chaudronniers, électriciens, mécaniciens, ingénieurs généralistes... Il y a des opportunités dans plus de 200 métiers pour tous les profils : étudiants, demandeurs d'emploi, salariés en reconversion ou jeunes en insertion... et pour tous les niveaux de formation, du CAP à Bac+8 ! Et les femmes y ont toute leur place.

Il est devenu essentiel de « réenchanter l'industrie », de trouver les clés pour casser les préjugés. Nos métiers sont innovants et pleins de défis.

Le nucléaire devient donc une industrie d'avenir pour la France ?

Je me réjouis surtout de voir qu'il l'est redevenu dans la perception générale. Ses acteurs, dans les entreprises, n'en doutaient guère. C'est même l'essentiel de leur motivation. On touche à l'énergie, qui est un secteur vital, surtout dans le contexte d'une forte prise de conscience des enjeux climatiques. Le nucléaire est une industrie de pointe, qui contribue au dynamisme économique et technologique de nos régions, et donc à leur attractivité. Souvent situées dans des zones rurales et périphériques, les installations nucléaires font de leurs territoires d'implantation de véritables bassins d'emplois et irriguent la démographie locale. Pour preuve, les manifestations d'intérêt de nombreux élus et acteurs économiques locaux pour accueillir les prochains réacteurs EPR2 ! D'autres territoires, qui n'accueillent pourtant pas de centrale nucléaire, ont su créer de véritables écosystèmes spécialisés tout aussi dynamiques économiquement. Ainsi, la région Bourgogne-Franche-Comté compte 9 500 emplois directs et indirects liés aux activités nucléaires grâce au pôle de compétitivité Nuclear Valley, qui a su rassembler dans la région une pépinière d'entreprises de toutes tailles travaillant pour le nucléaire, ainsi qu'aux usines de Framatome, premier employeur du département de Saône-et-Loire.

Est-ce également le cas à l'international ?

Il y a très peu de grandes nations nucléaires. Le nucléaire est devenu une solution réaliste pour beaucoup de pays qui souhaitent trouver des solutions pérennes à leurs enjeux de décarbonisation et de souveraineté énergétique. Le succès du salon World Nuclear Exhibition, que le GIFEN organise tous les deux ans à Paris, le démontre. Et au-delà de l'EPR, la France entend développer des petits réacteurs en grandes séries pour profiter d'un effet d'économie d'échelle, dès 2030. Les marchés visés, plus que le marché interne, sont les zones géographiques où se posera assez vite la question de fermer les petites centrales à charbon, désastreuses pour la planète, et de les remplacer facilement par de petites centrales nucléaires, notamment en Europe, Asie et Amérique du Sud. C'est une bonne façon pour beaucoup de pays de rentrer dans le système de l'énergie nucléaire et de décarboner, avec un partenaire français, qui gère le parc hors territoire dans la durée.

Préparer l'avenir

Antoine Ménager
Directeur du débat public EPR2

En s'apprêtant à engager un grand programme de construction de nouveaux réacteurs nucléaires, la France se trouve aujourd'hui à un carrefour important de son histoire moderne. La volonté exprimée en ce sens par le président de la République à Belfort, en février 2022, s'inscrit dans une vision qui nous projette au milieu du XXIe siècle et au-delà. Celle d'une société qui aura relevé le défi de décarboner ses activités pour lutter contre le changement climatique, qui aura renforcé sa souveraineté énergétique pour maîtriser son destin, en assurant sa sécurité et son développement économique et se sera ainsi donné les moyens des solidarités qui la constituent.

Ce jalon marquant fait aussi écho à la stratégie selon laquelle la France a développé le réacteur EPR au tournant du siècle, dans l'élan du succès de la construction de son parc nucléaire et dans la perspective anticipée de son renouvellement. Issu de l'évolution de la filière des réacteurs à eau sous pression française, à laquelle appartiennent les 58 réacteurs mis en service entre 1977 et 1999, l'EPR est la technologie nationale conçue pour répondre à cet enjeu de renouvellement, de façon autonome et avec les plus hauts standards de sûreté.

La construction des premiers EPR a néanmoins suivi un chemin semé d'embûches. La conception du réacteur a fait l'objet de longs débats entre techniciens. Elle a dû concilier le principe industriel de reconduction des solutions éprouvées sur les modèles précédents avec l'intégration de briques technologiques issues de l'expérience allemande. Dans la dynamique de l'intégration maastrichtienne, il s'agissait aussi à l'origine de faire émerger une technologie commune européenne destinée à équiper le continent… du moins jusqu'à ce que l'Allemagne renonce à développer l'énergie nucléaire, en 1998.

Outre ce patchwork franco-germanique, l'EPR a porté une ambition inédite en matière de robustesse pour répondre à un niveau accru d'exigences de sûreté, réduire encore la probabilité de fusion du cœur et éliminer ses conséquences à l'extérieur des centrales. L'EPR fait ainsi partie des réacteurs de troisième génération qui intègrent les enseignements tirés des accidents survenus à Three Mile Island, aux États-Unis, en 1979, à Tchernobyl, en 1986, ainsi que, désormais, celui provoqué dans la centrale de Fukushima Daiichi par le tsunami survenu au Japon, en 2011.

La mise en service des premiers EPR en Chine, en 2018 et 2019, puis en Finlande, en 2022, démontre l'aptitude de cette technologie. Celui de Flamanville est dans sa dernière ligne droite. Son démarrage est prévu pour 2023. Ainsi, les enseignements tirés des difficultés rencontrées dépassent largement les caractéristiques de conception. Elles sont le symptôme d'une société marquée par une érosion de la culture industrielle qui dépasse largement le secteur nucléaire. Alors que l'EPR de Flamanville devait permettre de « conserver les compétences pour maintenir l'option nucléaire ouverte », il a fait prendre conscience tardivement que ces compétences avaient en réalité déjà fléchi chez tous les acteurs directement ou indirectement impliqués dans la conduite, l'exécution et même le contrôle de projets de construction nucléaire. C'est le prix d'une longue interruption et d'un manque de perspectives. Les changements de personnels et l'oubli des organisations induit par un faible niveau d'expérience pratique ont perturbé la perception de cette érosion, l'appréciation des sources de risques et plus généralement la transmission des facteurs de performance qui avaient fait le succès historique du programme nucléaire français. Cette fébrilité a sans doute été amplifiée sous la pression politico-médiatique d'une société elle-même en pleine déculturation industrielle, plus suspicieuse, plus exigeante d'actualité détaillée l'autorisant à disserter librement sur tout aléa de chantier, mais sans beaucoup d'attention pour la relativité des risques et des enjeux.

Dans ce contexte, il a fallu attendre de se retourner sur les difficultés surmontées pour que certains principes, bien plus fondamentaux que les batailles théoriques sur les choix de conception, les organisations et les processus qui animent les périodes de sous-activité, redeviennent évidents : la construction de réacteurs nucléaires est pertinente par paire, du fait de la souplesse induite dans l'allocation des ressources entre les deux réacteurs ; un projet sans perspective de suite perd l'essentiel de son pouvoir de mobilisation et d'incitation à la performance auprès de ses contributeurs. La dynamique liée à une série standard favorise la réplication et l'effet d'apprentissage : s'appuyer sur un design éprouvé et stable, sécuriser l'approvisionnement des composants, se faire la main sur une première réalisation puis améliorer sa performance d'exécution. Dit autrement, les réacteurs nucléaires sont certes des objets complexes à fort enjeu politique du fait de leur grande contribution à l'intérêt général, mais, pour autant, leur construction doit être conduite selon les principes de toute activité industrielle, en prenant les phases dans l'ordre et en se donnant des règles de franchissement des jalons pour passer de la conception à la construction, puis au montage des systèmes électromécaniques et aux essais préalables à la mise en service.

Le réacteur EPR2 dont l'État a exprimé l'intention de construire une série s'appuie sur ces principes. Il reprend largement le design de l'EPR. Il en réplique les grands composants, dont la chaudière et le groupe turboalternateur. Afin d'améliorer la constructibilité à un niveau équivalent de sûreté, il simplifie le design des bâtiments auxiliaires de l'îlot nucléaire et des systèmes qu'ils abritent. Dans la logique d'industrialisation des pratiques, il standardise ses composants en rationalisant le nombre de références de portes, de pompes, de vannes, etc.

Surtout, le programme que la France s'apprête à lancer est fondamentalement basé sur la compréhension que la performance dépend avant tout de la démarche industrielle de série standard, qui donne aux acteurs la visibilité nécessaire pour investir dans les capacités et organiser les modes de capitalisation d'expérience, source d'amélioration continue de la performance d'exécution. Il repose sur une stabilisation des exigences réglementaires, à partir du référentiel établi à l'occasion de la construction de l'EPR de Flamanville, et pour l'ensemble d'un palier technique standard.

En un quinquennat d'instruction et d'élaboration progressive du programme de nouveaux réacteurs pour la France, force est de constater que la perception a profondément changé quant au besoin de capacité de production électronucléaire pour faire face aux enjeux climatiques, économiques et de souveraineté. Cette prise de conscience ouvre désormais sur un enjeu de mobilisation générale des capacités à mettre en œuvre. C'est une question qui relève non seulement de la dynamique au sein d'une filière industrielle mais aussi plus généralement d'appropriation sociétale et d'implication de l'ensemble des parties prenantes.

La mobilisation des capacités industrielles est à la fois un enjeu et un objet même de la dynamique induite par la construction d'une première série de trois paires de réacteurs. Elle permettra d'atteindre progressivement un rythme de construction d'environ un réacteur par an, pour renouveler le parc nucléaire et répondre aux besoins en électricité à l'horizon 2050. Dans le contexte d'un pays tel que la France, porteur d'une forte ambition de réindustrialisation, le programme de construction de nouveaux réacteurs nucléaires est à la fois un défi et une formidable opportunité.

Pour relever un tel défi, la filière nucléaire doit avant tout se donner les moyens d'utiliser le plus efficacement possible les ressources qu'elle sera en mesure de mobiliser. Elle doit poursuivre le renforcement qu'elle a entrepris de sa maîtrise de la qualité pour réduire les reprises d'activités et corrections d'écarts, consommatrices de ressources. Elle doit s'ouvrir à des modes de management et de relations contractuelles qui favorisent l'engagement collaboratif et authentiquement responsabilisant de tous les maillons de la chaîne.

Les seuls six premiers réacteurs nécessiteront plus de 35 000 emplois pendant la vingtaine d'années de construction, puis près de 15 000 emplois pendant au moins soixante ans d'exploitation. Cela demande une implication rapide et forte des diverses filières de formation, notamment de techniciens et d'ingénieurs. Au-delà d'une offre croissante en formation, le défi à relever est celui de l'attractivité de ces filières. La société y doit en profiter pour réenchanter sa culture industrielle mais aussi les zones rurales, où se situent les usines et les chantiers. Il faut donner envie, dans les écoles, à nos enfants, d'embrasser ce programme qui est le leur.

L'enjeu dépasse clairement celui d'une filière nucléaire isolée. Il est celui d'une nation qui doit s'approprier pleinement son programme nucléaire et le considérer pour ce qu'il est, c'est-à-dire un grand programme industriel pour s'équiper d'une infrastructure d'intérêt général.

À cet égard, le débat public sur le programme de nouveaux réacteurs EPR2 porté par EDF, avant le débat parlementaire en vue de sa traduction dans la loi de programmation sur l'énergie et le climat prévue au deuxième semestre 2023, sont fondamentaux pour établir une sorte de contrat sociétal entre le pouvoir politique, responsable de l'intérêt général, les industriels chargés de l'exécution du programme et la société au sens large, qui en est *de facto* le bénéficiaire.

Ces étapes essentielles dans le processus de décision sont le gage d'un dialogue indispensable au fonctionnement démocratique de la société, et de l'attention portée au droit du public d'être informé et de participer à l'élaboration des décisions. Elles constituent les bases saines d'un dialogue et d'une information transparente, qui auront vocation à se poursuivre de manière continue pendant toute la durée du programme et ses différents chantiers, puis durant toute l'exploitation des nouveaux réacteurs.

Quelle place pour les petits réacteurs ?

Renaud Crassous
Président de NUWARD

De nombreux pays s'engagent à décarboner leurs économies, alors que celles-ci sont encore fortement dépendantes des énergies fossiles, y compris pour leur mix électrique. Les investissements à réaliser sont considérables. Par exemple, rien que dans les pays envisageant l'option du nucléaire civil dans la durée, plus de 3 300 unités de production d'électricité au charbon sont en activité. Parmi elles, 60 % ont plus de 20 ans et 30 % a plus de 40 ans. Il faudra les remplacer avant 2050, surtout si l'on ne veut pas dépasser 2 °C de réchauffement global de la planète.

Certains pays ont des besoins de production d'électricité qui se chiffrent en centaines de mégawatts, et disposent de réseaux de taille moyenne, c'est-à-dire qu'ils ne leur permettent pas d'introduire des moyens de production très centralisés. De plus, leur capacité d'investissement est parfois limitée, de l'ordre du milliard d'euros. C'est avant tout ce contexte qui explique l'engouement pour les SMR. Dans ces pays, ce type de réacteurs représente une solution de production d'électricité décarbonée dotée d'une gamme de puissance adaptée aux besoins.

C'était également le sens du discours d'Emmanuel Macron en décembre 2020, au Creusot, quand il mentionnait l'investissement de France Relance dans ces « petits réacteurs pleins de promesses » à hauteur de 50 millions d'euros. « Il faut nous positionner sur ce segment », insistait-il.

Au-delà de la fourniture d'électricité, les SMR permettent de répondre à d'autres nécessités. Concernant la mobilité, en croissance, le SMR peut être dédié à l'alimentation d'un électrolyseur et donc produire de l'hydrogène. Il est également possible d'envisager de la cogénération, et d'alimenter en chaleur des villes ou des industries comme la chimie, l'agroalimentaire ou la sidérurgie. Enfin, un SMR peut également être exploité pour produire de l'eau douce, par exemple dans les pays du Moyen-Orient où cette ressource est rare.

Ces différentes applications servent les besoins du marché tout en réduisant les émissions de gaz à effet de serre, au-delà de la production électrique.

Les SMR en développement

Le secteur nucléaire connaît un formidable regain de R&D, en particulier dans les domaines des petits réacteurs modulaires. L'Agence internationale de l'énergie atomique

(AIEA) répertoriait en 2022 plus de 80 modèles de SMR en développement dans le monde. Les SMR sont généralement définis comme des réacteurs nucléaires dont la puissance unitaire produite se situe entre 10 MW et 300 MW. Schématiquement, ils se distinguent selon deux grandes caractéristiques : leur technologie et leur puissance.

La moitié environ d'entre eux correspond aux concepts de troisième génération pour la plupart des réacteurs à eau pressurisée. Se classent dans cette catégorie : Nuscale et Holtec aux États-Unis, Rolls-Royce au Royaume-Uni, le RITM-200 russe, l'ACP 100 chinois, le modèle iSMR coréen et NUWARD™ en France. On classera aussi dans cette catégorie le BRWX-300 de GE Hitachi, le seul projet actif fondé sur la technologie à eau bouillante. Les réacteurs de troisième génération sont développés sur la base de technologies déjà largement éprouvées et bénéficient de décennies de retour d'expérience : la mise en chantier des premiers exemplaires d'ici 2030 est donc réaliste.

L'autre moitié des réacteurs en développement sont des concepts de quatrième génération ou AMR (*Advanced Modular Reactor*), principalement les réacteurs à neutrons rapides au sodium ou au plomb, les réacteurs à sels fondus ou les réacteurs haute température à gaz (HTR). Ces réacteurs de quatrième génération nécessitent des développements nettement plus importants ; les experts de ces technologies sont d'avis qu'il faudra attendre 2040, voire 2050, pour la disponibilité industrielle et commerciale de ces réacteurs en série, même si des démonstrateurs existent déjà et vont se multiplier d'ici là. Cet horizon prend en compte les barrières technologiques qui restent à lever, les études, les essais à réaliser, l'obtention d'une autorisation auprès des autorités de sûreté et l'industrialisation complète d'un nouveau cycle pour le combustible.

Le second critère de différenciation est celui de la taille des centrales SMR (une centrale pouvant être composée de plusieurs réacteurs). Schématiquement, on peut les classer en trois catégories :

- le segment des microréacteurs, de quelques mégawatts à quelques dizaines de mégawatts, avec deux marchés identifiés correspondant aux besoins militaires, et aux besoins hors réseau pour les communautés éloignées aujourd'hui dépendantes de groupes électrogènes ;
- le segment intermédiaire de 50 à 200 MW, correspondant plutôt aux besoins énergétiques d'industries fortement consommatrices de chaleur et d'électricité ou du chauffage urbain ;
- le segment des centrales connectées au réseau, de quelques centaines de mégawatts. Cette catégorie rejoint le besoin de fourniture d'électricité décarbonée et pilotable en substitution des centrales à combustible fossile, ou pour accompagner la croissance de la demande d'électricité.

On constate donc que le secteur des SMR en éclosion permettra de servir une diversité de besoins, en contribuant à décarboner les économies.

Les conditions à réunir pour le déploiement de SMR à grande échelle

Pour que les SMR soient compétitifs, un certain nombre de conditions doit être atteint. Certaines d'entre elles dépendent des entreprises qui les développent : elles tiennent à leur capacité à concevoir un design performant et compétitif. D'autres sont externes et impliquent nécessairement les pouvoirs publics.

Les leviers industriels

Afin de garantir la compétitivité des SMR en général, il sera nécessaire de fabriquer les unités en série. Plus précisément, trois leviers clés doivent être activés :

- un design simple : le nombre de systèmes, de structures et de composants est réduit grâce à la faible puissance ;
- une standardisation du design la plus poussée possible : pour réduire au maximum la nécessité de reprendre la conception de la centrale d'un site à l'autre, d'un pays à l'autre ;
- un design conçu de manière modulaire : un maximum d'assemblages et de tests sont effectués en usine, dans des conditions optimales de travail. En effet, la fabrication en usine est cinq à dix fois plus efficace que sur un chantier, qui présente l'inconvénient de la multiactivité ; elle permet aussi d'améliorer le contrôle qualité et la maîtrise du planning. Les

modules des futures centrales pourront être ensuite acheminés sur le site de construction par de simples camions au format conteneur classique, avant d'être raccordés au reste de l'installation.

Le financement

Sur les marchés financiers, avec le désengagement progressif des investisseurs des combustibles fossiles, l'intérêt pour le nucléaire s'accroît. Plus particulièrement, les SMR présentent l'avantage d'un profil de risque et d'une courbe de trésorerie plus accessibles que les réacteurs de grande puissance.

Dans tous les pays dotés d'une industrie nucléaire, les soutiens publics se chiffrent en centaines de millions ou en milliards d'euros pour stimuler les projets de développement de SMR.

En France, le soutien se déploie au-delà du plan France Relance lancé en 2020 pour accélérer les transformations écologique, industrielle et sociale du pays. Le plan France 2030 prévoit de consacrer 1 milliard d'euros pour faire émerger de nouvelles technologies nucléaires : en 2022, le président de la République, Emmanuel Macron, a annoncé une subvention de l'ordre de 500 millions d'euros pour appuyer le développement du projet de SMR NUWARD™, tandis qu'un appel à projets, « Réacteurs nucléaires innovants », a été lancé afin de faire émerger des innovations de rupture dans la recherche et le développement de la filière nucléaire française.

L'harmonisation réglementaire

Nous avons vu que les SMR doivent être capables, pour être compétitifs, d'être produits en série pour les marchés auxquels ils s'adressent dans les différents pays ouverts au nucléaire. Si un modèle de SMR doit pouvoir être produit en série, comme un avion de ligne par exemple, cela signifie que le marché doit être mondial ou, *a minima*, européen. Or actuellement, les cadres réglementaires relèvent largement de décisions nationales.

Afin d'éviter le coût du re-design d'un pays à l'autre, et plus globalement que tous les citoyens en Europe bénéficient des mêmes garanties de sûreté, il est essentiel que les cadres réglementaires soient harmonisés. NUWARD met en œuvre une action concrète pour aller dans ce sens, en soumettant son design et ses choix de sûreté au contrôle conjoint des autorités de sûreté françaises, tchèques et finlandaises ; ces trois pays pourraient envisager l'installation de centrales NUWARD™ SMR dans leur mix énergétique.

Les défis à venir

La dynamique des SMR s'est inversée ces deux dernières années, passant d'une démarche poussée par les développeurs de technologies dans la décennie 2010-2020 à une forte croissance de la demande de futurs clients électriciens ou industriels, de plus en plus préoccupés par la stabilité des prix de l'énergie, la neutralité carbone et la souveraineté économique.

La décennie à venir sera décisive pour que soient réunies les trois « briques » qui permettront de saisir pleinement le potentiel des SMR pour la décarbonation : le développement des technologies et des chaînes de fabrication associées, les démarches nécessaires du côté des clients pour identifier les sites et lancer des projets, les conditions institutionnelles et réglementaires qui garantiront un cadre économique et sociétal stabilisé.

Les enjeux de la quatrième génération de réacteurs

Frank Carré

Directeur scientifique puis conseiller de la direction des énergies du Commissariat à l'énergie atomique et aux énergies alternatives (CEA)

La vision du nucléaire du futur a d'abord été façonnée par l'enthousiasme des années pionnières et les besoins militaires, puis par le besoin de sécurité énergétique, avant de devoir s'adapter à la défiance suscitée par les accidents de la filière et la gestion des déchets radioactifs. Elle connaît aujourd'hui un net regain d'intérêt porté par la maîtrise du risque climatique. Depuis la création du forum international Génération IV en 2000 par les États-Unis, cette vision s'identifie au « nucléaire de quatrième génération » qui s'inscrit au-delà des réacteurs en cours d'exploitation ou de commercialisation (deuxième et troisième génération, respectivement). Il s'y ajoute depuis 2010 un regain d'intérêt pour les petits réacteurs de conception modulaire avec des projets portés par des acteurs historiques du secteur ou des start-up indépendantes ou essaimées des précédents.

Le nucléaire de quatrième génération vise des performances dépassant celles des réacteurs existants. Il en va, depuis l'origine, de la surgénération qui promet d'utiliser tout le potentiel énergétique de l'uranium pour une production nucléaire pluriséculaire avec des réacteurs à neutrons rapides. Il en va aussi, depuis les conférences climatiques internationales des années 1990, du remplacement des énergies fossiles pour la production d'électricité en complémentarité avec les énergies renouvelables, puis aujourd'hui pour la décarbonation de l'économie dans tous les secteurs, incluant la fourniture de chaleur pour des usages urbains ou industriels, la production d'hydrogène décarboné, et celle de carburants de synthèse neutres en bilan carbone pour l'aviation et peut-être au-delà.

Réacteurs à neutrons rapides

Aujourd'hui, l'utilisation complète de l'uranium avec des réacteurs à neutrons rapides reste un objectif essentiel, mais le ralentissement du développement de l'énergie nucléaire par rapport aux prévisions des années 1960 et le besoin d'élaborer une vision internationale consensuelle sur les procédés de retraitement et recyclage offrant une résistance suffisante aux risques de prolifération, détendent l'urgence et le planning dans ce domaine. Il en résulte la possibilité d'évaluer et de tester de nouvelles technologies pour les réacteurs et le cycle du combustible, et de reporter après 2050 un choix de filière instruit à la fois par l'expérience historique acquise sur les réacteurs rapides refroidis au sodium, et par les essais d'autres technologies dans un cadre de coopération internationale.

L'arrêt de Superphénix en 1997 a incité la France, à travers le Commissariat à l'énergie atomique et aux énergies alternatives (CEA), à soutenir activement la création du forum international Génération IV en y faisant une place importante aux réacteurs à neutrons rapides, et à réorienter au moins temporairement les recherches nationales pour ce type de réacteur vers la consommation de plutonium (et potentiellement de l'américium) afin de réduire au minimum la quantité de déchets radioactifs à vie longue à stocker en site géologique. Cette vision de réacteurs à neutrons rapides, d'abord consommateurs puis producteurs de plutonium, que seule la France pourrait mettre en œuvre avec son industrie du cycle du combustible nucléaire, a conduit la loi de programme relative à la gestion durable des matières et déchets radioactifs (28 juillet 2006) à relancer les recherches sur ces réacteurs avec le projet ASTRID, qui a soutenu de 2009 à 2019 un effort d'innovation de portée internationale pour la filière.

Aux États-Unis, le développement industriel des réacteurs à neutrons rapides s'est arrêté avec l'abandon du prototype de Clinch River en 1983 en raison des risques de prolifération dont les procédés actuels de retraitement étaient jugés porteurs, et l'effort porte depuis plusieurs décennies sur le développement de procédés de retraitement des combustibles en milieu sels fondus (pyrométallurgie) estimés être moins vulnérables à ces risques par les possibilités qu'ils offrent d'une séparation groupée des matières nucléaires et d'une mise en œuvre sur le site du réacteur plutôt que dans une usine dédiée nécessitant des transports de combustibles usés. De ce fait, les projets actuels de réacteurs à neutrons rapides aux États-Unis visent de nouveaux objectifs qui n'appellent pas le retraitement et le recyclage du combustible. Il s'agit soit d'installations à vocation expérimentale (VTR), soit de réacteurs de puissance intermédiaire (~300 MWe) particulièrement adaptés aux régions isolées du fait de leur capacité théorique à fonctionner de 10 à 20 ans sans renouvellement du combustible, soit encore de réacteurs que leur température de fonctionnement (~550 C) permet de coupler à un stockage thermique à sels fondus offrant une certaine flexibilité entre le fonctionnement du réacteur et la fourniture d'énergie : électricité ou chaleur industrielle.

Avec l'exploitation sans faille des réacteurs BN-600 (depuis 1980) puis BN-800 (depuis 2015), et son projet BN-1200 en cours, la Russie domine actuellement la technologie des réacteurs rapides à sodium de taille commerciale, avec des combustibles à uranium ou partiellement au plutonium, en poursuivant l'objectif de surgénération. Elle doit encore pour cela progresser dans sa maîtrise du combustible mixte uranium-plutonium et déployer une industrie du retraitement et du recyclage des combustibles usés pour le nucléaire civil.

L'Inde et la Chine, qui ont entrepris plus tardivement le développement des réacteurs à neutrons rapides en bénéficiant de coopérations (années 1970 pour l'Inde et 2000 pour la Chine) sont sur le point de démarrer des réacteurs de taille commerciale : *Prototype Fast Breeder Reactor* ou PFBR (500 MWe) et *China Fast Reactor 600* ou CFR-600 (600 MWe) respectivement. Pour mettre en œuvre la surgénération, qui reste leur objectif, ces deux pays doivent encore développer une industrie du cycle du combustible pour leur parc électronucléaire.

Le Japon, qui exploite le réacteur expérimental Joyo depuis 1977 et a abandonné en 2016 la remise en service de son réacteur Monju (280 MWe), est en recherche d'opportunités de coopération, notamment avec les États-Unis, pour entretenir les compétences et les recherches d'innovations, y compris à travers des projets de réacteurs modulaires utilisant l'uranium ou un combustible uranium-plutonium pour des fournitures d'électricité et de chaleur, en attendant une opportunité de réalisation sur le sol national.

Dans le même esprit, la France s'efforce de maintenir ouverte l'option d'un démonstrateur technologique valorisant au mieux les acquis du projet ASTRID ainsi que celle d'un réacteur expérimental comparable au VTR américain, et poursuit dans le cadre de start-up l'étude de réacteurs modulaires innovants pour la fourniture d'électricité et de chaleur.

La filière alternative des réacteurs à neutrons rapides refroidis au plomb ou à l'alliage eutectique plomb-bismuth est née des efforts de l'Union soviétique pour accroître les performances des sous-marins nucléaires. Avec le projet BREST-300 (300 MWe) en Russie elle connaît aujourd'hui une première réalisation pour la production de puissance. Plusieurs start-up proposent par ailleurs des réacteurs modulaires de 30 à 200 MWe du même type, utilisant un combustible uranium ou mixte uranium-plutonium pour la fourniture d'électricité et de chaleur.

Production nucléaire étendue au-delà de la fourniture d'électricité

La cogénération de chaleur par des réacteurs à eau pour le chauffage urbain est d'un usage courant dans les pays de l'ex-Union soviétique et l'Europe du Nord. Elle est également exploitée en Inde, au Japon et en Asie pour le dessalement de l'eau. Elle a été plus rarement utilisée pour des applications industrielles, avec les exceptions notables pour l'industrie saline en Allemagne (centrale de Stade dans les années 1980) et la production d'eau lourde par distillation au Canada (centrale de Bruce dans les années 1980).

La filière des réacteurs à haute température (HTR), qui a été expérimentée jusqu'à 300 MWe en Europe et aux États-Unis dans les années 1960 à 1980, puis par le Japon depuis 1998 (*High Temperature Engineering Test Reactor* ou HTTR, 30 MWth) et la Chine depuis 2000 (HTR-10, 10 MWth), a vu son intérêt confirmé par le forum international Génération IV et par la mise en service en 2021 en Chine du *Pebble bed Modular High Temperature Reactor* ou

HTR-PM, 210 MWe. Cette ouverture vers une production non exclusivement électrogène avait déjà conduit dans les années 1980 à des développements très avancés autour du réacteur *Thorium High Temperature Reactor 300* ou THTR-300 en Allemagne pour la gazéification du charbon et du lignite (*Projekt Prototypanlage Nukleare Prozeßwärme* ou projet PNP). Cette vision trouve aujourd'hui son prolongement dans bon nombre de projets de start-up sur le continent américain et en Europe, associant le potentiel de haute température aux caractéristiques de sûreté renforcées de ce type de réacteur afin d'en faire une source de chaleur décarbonée privilégiée pour des applications rapprochées.

Réacteurs à sels fondus

La filière des réacteurs à sels fondus est née avec le réacteur expérimental *Molten Salt Reactor Experiment* (MSRE), qui a fonctionné dans les années 1960 au laboratoire national d'Oak Ridge avec un sel fluorure d'uranium ou de thorium. Depuis l'origine, le concept a connu différentes vagues d'intérêt car il offre la possibilité d'un retraitement du combustible liquide sur site et potentiellement en ligne. De plus, il permet en théorie une utilisation efficace du thorium en raison d'un bon facteur de conversion en uranium 233. Le forum international Génération IV a beaucoup contribué à en renouveler la vision en amenant, avec la participation active du CNRS, à considérer une évolution vers les neutrons rapides avec un sel chlorure. Il en résulte aujourd'hui plusieurs voies de développement : une réalisation en Chine (*Thorium Molten Salt Experimental Reactor* ou TMSR) dérivée du concept historique, des études de concepts à neutrons rapides aux États-Unis (*Molten Chloride Fast Reactor* ou MCFR) et en Europe, et de premiers tests aux États-Unis d'un système associant les technologies HTR et caloporteur à sels fondus (*Kairos Power Fluoride salt-cooled High temperature Reactor* ou KP-FHR). La réalisation de ces démonstrateurs, et plus encore le passage à des filières industrielles, exigent de relever des défis scientifiques et technologiques importants avec l'apport d'une coopération internationale active.

Nucléaire spatial

Des micro-réacteurs de quatrième génération suscitent également un intérêt pour la propulsion spatiale (électrique ou thermique) et la production d'électricité dans l'espace ou sur une base au sol. Pour de telles applications, les neutrons rapides sont un gage de compacité et de maîtrise du poids des systèmes, et la haute température limite la surface du radiateur utilisé comme source froide pour la production d'électricité ou augmente la performance des systèmes de propulsion nucléothermiques.

Cycle du combustible nucléaire

Du fait de l'importance des moyens à mettre en œuvre pour les recherches et les usines associées, le cycle du combustible n'est maîtrisé au niveau industriel que par un petit nombre de pays, qu'il s'agisse des capacités d'enrichissement de l'uranium du combustible (jusqu'à 20 % pour certains projets de start-up) ou du retraitement et du recyclage. De plus, le caractère sensible des procédés à l'œuvre limite la coopération internationale. Il en résulte actuellement, pour beaucoup de nouveaux projets de réacteurs, un déficit d'attention portée à la fabrication du combustible et à la gestion du combustible usé. La France détient dans ce domaine une avance décisive qu'elle fait valoir dans les groupes de travail internationaux sur les pratiques recommandables pour prévenir les risques de prolifération et optimiser la gestion des matières et des déchets radioactifs.

Perspectives

Le potentiel de progrès de l'énergie nucléaire reste aujourd'hui très important, tant en termes de nouvelles technologies disponibles qu'au plan de la diversification des fournitures d'énergies décarbonées envisageables, et l'apparition de start-up s'intéressant à ces progrès contribue à stimuler l'innovation dans un secteur que les coûts de recherche et développement, et les exigences de sûreté ont rendu très conservateur. Même s'il faut s'attendre à une sélection sévère des projets en cours, les échanges nécessaires entre start-up et acteurs historiques et les aides publiques qui leur sont consacrées feront progresser l'industrie nucléaire.

Forte de l'expérience et des atouts de la France, l'Europe doit saisir les opportunités qui s'ouvrent dans ce contexte pour revenir au premier plan et faire valoir, dans l'esprit de la plateforme technologique (*Sustainable Nuclear Energy Technology Platform* ou SNE-TP) créée en 2007, sa vision d'une énergie nucléaire durable et des conditions à réunir en termes de technologies, de réglementation internationale et d'organisation mondiale du cycle du combustible pour exploiter le plein potentiel de ce nucléaire de quatrième génération.

La fusion nucléaire : utopie ou espoir sérieux ?

Greg De Temmerman
Chercheur et directeur de Zenon Research

Dès 1920, l'astrophysicien britannique Sir Arthur Eddington émet l'idée que l'énergie des étoiles provient du procédé de fusion nucléaire, hypothèse qui sera confirmée par la suite. Il suggère également l'idée que la fusion, si elle pouvait être maîtrisée sur Terre, serait une source d'énergie inépuisable. Près de cent ans plus tard, cette promesse d'une énergie « propre » et abondante est encore au cœur des recherches. Si la fusion fut longtemps un domaine de recherche public marqué par des échelles de temps longues, elle connaît depuis quelques années un renouveau porté par l'émergence d'acteurs privés, promettant un développement rapide de réacteurs de fusion, relançant ainsi l'engouement pour le sujet. Qu'en est-il exactement ? Qu'est-ce que la fusion et où les recherches en sont-elles ? Et à quand un réacteur de fusion produisant de l'électricité ?

Il existe deux façons de produire de l'énergie par des procédés nucléaires. À l'heure actuelle, la totalité de l'énergie nucléaire mondiale (dont les 56 réacteurs nucléaires français) est basée sur le processus de fission nucléaire : un noyau d'uranium est scindé en particules plus petites, libérant ainsi de l'énergie, qui est ensuite convertie en électricité. Dans le cas de la fusion, deux noyaux s'assemblent pour former un atome plus lourd. C'est la réaction qui se produit au cœur du Soleil, qui fusionne environ 600 millions de tonnes d'hydrogène par seconde pour les transformer en hélium, produisant chaque seconde 1 million de fois la consommation énergétique annuelle mondiale !

Les avantages potentiels de la fusion sont nombreux : très faibles émissions de CO_2 sur l'ensemble du cycle de vie (tout comme la fission), pas de déchets radioactifs à haute activité et vie longue (des déchets à vie courte sont tout de même formés et doivent être gérés), un procédé intrinsèquement sûr car la réaction s'arrête quasi instantanément en cas de problème (un accident de type Tchernobyl est impossible). De plus, le combustible est très dense : un gramme de combustible contient autant d'énergie que 11 tonnes de charbon et assez abondant pour durer des milliers d'années (les combustibles peuvent être extraits de l'eau de mer).

Cependant, fusionner des atomes requiert des conditions extrêmes. La fusion ne peut se produire que si les atomes sont très proches les uns des autres, ce qui implique, puisqu'ils sont chargés positivement et se repoussent, des collisions à haute énergie, et donc des températures très élevées (dans un gaz, l'énergie des particules est liée à la température du gaz). La température au centre du Soleil est d'environ 15 millions de degrés Celsius. La masse du Soleil lui confère un très fort champ gravitationnel et lui permet de confiner l'hydrogène à des densités très élevées (environ 150 fois la densité de l'eau pour le cœur). Sur Terre, la majorité des recherches se concentrent sur la réaction entre deux isotopes de l'hydrogène : le deutérium et le tritium, qui est la « plus facile ». Il est cependant nécessaire d'atteindre des températures beaucoup plus élevées pour compenser la densité plus faible, de l'ordre de 150 millions de degrés Celsius. À ces températures, la matière est sous forme de plasma, parfois appelé « quatrième état de la matière ». Dans un plasma, les électrons peuvent se séparer des noyaux, et le milieu contient donc des charges positives et négatives et réagit aux champs électriques et magnétiques.

Induire le processus nécessite de chauffer puis maintenir un mélange à très haute température et donc de produire de l'énergie. Le défi de la fusion est donc de générer plus d'énergie que celle nécessaire à son fonctionnement. Un réacteur de fusion est donc un amplificateur de puissance. On parle de gain d'amplification (puissance fusion divisée par puissance nécessaire au fonctionnement) pour caractériser ses performances. Obtenir un gain supérieur à 1 nécessite que le produit de la densité du plasma (le nombre de particules par unité de volume) de sa température et du temps de confinement soit supérieur au « critère de Lawson ». Il existe en principe différentes méthodes permettant d'atteindre ces conditions. Deux voies sont principalement explorées :

- le confinement inertiel, qui utilise des lasers très puissants mais très brefs pour comprimer le combustible et le faire réagir ;
- le confinement magnétique, qui utilise des aimants puissants pour confiner le plasma pendant des durées très longues.

Historiquement, la fusion magnétique a été privilégiée, car la technologie nécessaire pour la fusion inertielle (lasers notamment) n'était pas disponible.

Confinement inertiel

Les deux plus gros projets dans ce domaine sont le *National Ignition Facility* du Lawrence Livermore National Laboratory (NIF) aux États-Unis et le Laser Mégajoule du CEA en France, dont les applications sont principalement militaires (simulations d'explosions nucléaires) et financées par les programmes de défense. Ils mènent également des recherches pour l'énergie.

Le NIF utilise 192 faisceaux laser, d'une énergie totale de 2 mégajoule et d'une durée de quelques nanosecondes, pour déclencher la réaction de fusion selon une approche dite « indirecte ». En effet, le combustible (une sphère cryogénique de deutérium-tritium) est placé à l'intérieur d'une capsule métallique de quelques millimètres, qui, chauffée par les lasers, émet des rayons X. Ceux-ci chauffent et compriment le combustible. L'alignement des lasers est plus aisé que si ceux-ci visaient directement la cible, mais seule une partie de leur énergie est convertie en rayons X et sert au chauffage.

En décembre 2022, le NIF a obtenu, pour la première fois dans l'histoire de la fusion, un gain supérieur à 1 (au niveau du combustible). Les réactions de fusion ont en effet produit environ 3.15 mégajoules pour une énergie injectée par les lasers d'environ 2 mégajoules soit un gain supérieur à 1,5. Ces résultats ont été améliorés en juillet 2023 avec un gain proche de 2 (l'analyse des résultats était encore en cours au moment d'écrire ces lignes). Le précédent record datait de 1997 et fut obtenu par le tokamak JET, en Angleterre (confinement magnétique).

Confinement magnétique

Le confinement magnétique est la voie privilégiée pour l'énergie, car il offre de meilleures perspectives de développement et bénéficie d'un retour d'expérience plus important.

La grande majorité des recherches se concentre sur le tokamak, configuration choisie par l'*International Thermonuclear Experiemental Reactor* (ITER), un projet auquel collaborent 35 pays et qui vise à démontrer la faisabilité scientifique et technologique de l'énergie de fusion. L'objectif est un gain de l'ordre de 10 : 500 MW (thermiques, pas de conversion électrique) produits pour 50 MW injectés. Démarré en 2006, le projet ITER a souffert d'un début difficile lié à la mise en place d'une organisation complexe appliquée à l'un des projets technologiques les plus ambitieux. Mais la construction avance à un rythme soutenu et le premier plasma est attendu pour la fin des années 2020, avec une démonstration de la fusion prévue vers la fin des années 2030.

Plusieurs projets publics visent à développer un réacteur en parallèle. Le Royaume-Uni a récemment lancé le projet *Spherical Tokamak for Electricity Production* (STEP) qui vise à développer un réacteur connecté au réseau dans les années 2040. La Chine poursuit avec le *China Fusion Engineering Test Reactor* (CFETR), un ambitieux programme visant à démontrer la production électrique et de tritium dans les années 2040. Enfin, l'Europe prévoit, après ITER, un démonstrateur tokamak *Demonstration Power Plant* (DEMO) industriel pour les années 2050, dont les activités de design ont déjà commencé.

L'émergence du secteur privé

Depuis quelques années, des entreprises privées sont entrées dans la course et ambitionnent d'accélérer fortement le développement de la fusion nucléaire. S'appuyant sur des équipes très qualifiées (Commonwealth Fusion Systems ou CFS est ainsi issue du Massachusetts Institute of Technology), ces initiatives ont des approches plus agressives et audacieuses que la recherche publique. Si le phénomène paraît récent, certaines de ces entreprises ont plus de 20 ans, telles TAE, fondée en 1998 ou General Fusion, fondée en 2002. En 2021, on compte plus de 25 entreprises privées lancées dans la course à la fusion, soit quatre fois plus qu'en 2008. Même la France compte une start-up, Renaissance Fusion, fondée en 2019.

Ces entreprises sont pour la plupart financées par des fonds d'investissement (capital-risque), et parfois soutenues par des grands noms, tels Jeff Bezos (General Fusion) et Bill Gates (CFS). En 2021, le total des investissements cumulés a dépassé les 4 milliards de dollars, avec deux entreprises, Helion Energy et CFS, qui ont enregistré respectivement des levées de fonds de 500 millions et 1,8 milliard de dollars. En comparaison, le budget national pour la recherche publique dans la fusion aux États-Unis était de 670 millions de dollars en 2020.

Ces initiatives se basent sur des développements technologiques récents (aimants supraconducteurs à haute température, par exemple), ou diverses configurations dont certaines n'avaient jamais été vraiment explorées : General Fusion utilise notamment des pistons pour compresser le plasma. Si les résultats ne sont pas toujours publiés dans la littérature scientifique, on voit régulièrement des annonces démontrant des progrès réels. Si l'une de ces entreprises venait à démontrer la production d'énergie dans les délais promis, cela pourrait fortement accélérer les possibilités d'utiliser la fusion nucléaire.

Les agendas annoncés sont en effet très ambitieux : Helion Energy annonce la production de quelques mégawatts électriques dès 2024, CFS vise à démontrer un gain d'amplification supérieur à 2 en 2025, General Fusion vise la commercialisation d'un réacteur dès 2030… Des dates qui contrastent avec celles espérées pour les initiatives publiques.

Aux États-Unis, certaines de ces entreprises bénéficient de (modestes) financements publics leur permettant de collaborer avec les laboratoires nationaux, mais toutes développent et fabriquent leurs propres machines et composants. Le nombre de brevets déposés a ainsi fortement augmenté ces dernières années, avec près de 160 brevets détenus par 12 entreprises.

Quelques arguments peuvent expliquer la tendance à la multiplication des initiatives privées :

- des technologies nouvelles sont apparues ou sont en cours de développement, et pourraient accélérer le développement de la fusion nucléaire et avoir des applications dans d'autres domaines (comme les aimants supraconducteurs à haute température) ;
- ITER est en phase d'assemblage, ce qui renforce la confiance des investisseurs et des décideurs dans la fusion ;
- les taux d'intérêt bas jusqu'à fin 2021 ont poussé certains investisseurs vers des paris plus risqués, mais potentiellement très lucratifs. On observe aussi une forte hausse des investissements dans

le domaine des technologies pour l'énergie et le climat ;
- l'urgence climatique : beaucoup de ces entreprises mettent en avant le rôle possible de la fusion dans la transition énergétique si elle arrive suffisamment tôt.

Ces initiatives privées contribuent à faire émerger une filière et de nouveaux concepts et redynamisent le secteur. Il faut cependant garder en tête que le développement d'un premier réacteur est certes extrêmement important, mais que le déploiement d'une flotte de réacteurs prendra du temps. Si on regarde les taux de déploiement du photovoltaïque, de l'éolien et du nucléaire, on constate que dans leur phase de croissance exponentielle, le taux de croissance de la puissance installée était compris entre 20 et 35 % par an. Même en supposant un premier réacteur dans les années 2030 et un déploiement similaire, la fusion ne représenterait que 1 % de l'énergie mondiale vers 2060. À l'échelle d'un pays, on peut imaginer que la fusion occupe un rôle plus important plus rapidement, comme le fit le nucléaire dans les années 1970-1980, mais au niveau mondial, la fusion reste une aventure de longue haleine. Le nombre d'initiatives en cours permet cependant d'espérer que le vieil adage « la fusion est pour dans trente ans... et le restera toujours » finisse par être de l'histoire ancienne...

PARTIE V

DÉBATTRE DU NUCLÉAIRE, UN ENJEU DÉMOCRATIQUE

Plusieurs débats publics et de nombreux ouvrages ont longtemps tenté d'expliquer ce qu'est le nucléaire, sans parvenir à convaincre complètement. Les cartes sont désormais rebattues et le nucléaire revient en force, et est même en passe de devenir un « enjeu démocratique », la bataille de l'énergie étant la prochaine qu'il nous faudra mener, bataille pour laquelle nous nous préparons dès à présent. Le témoignage d'une ex-dissidente comme Zion Lights est alors d'autant plus intéressant qu'elle était elle-même de ceux qui doutaient.

Quels sont les ressorts de ce retour en grâce ? L'acceptation du nucléaire est intimement liée à la manière dont le corps politique et médiatique en présente les enjeux. La France est en cela, selon Brice Teinturier, un bon exemple. Car si elle peut « déchaîner les passions » chez certains, comme le souligne Valérie Faudon, l'énergie nucléaire reste un sujet ambivalent pour l'opinion publique française. Marc-Antoine Eyl-Mazzega nous rappelle quant à lui que cette énergie représente, hors frontières, un enjeu géopolitique d'envergure qu'il faut savoir appréhender.

Entretien

Zion Lights

Auteure britannique et militante pour le développement de l'énergie nucléaire

Vous avez été porte-parole d'Extinction Rebellion, et vous êtes maintenant à la tête d'Emergency Reactor, mouvement militant pour l'essor de l'énergie nucléaire. Racontez-nous votre parcours, vos croyances et comment tout cela a évolué avec le temps.

Depuis l'université, je suis engagée pour l'environnement. J'ai rejoint Extinction Rebellion, été arrêtée plusieurs fois pendant des manifestations, soutenu une vision 100 % énergies renouvelables, combattu le nucléaire. Il faut savoir que pour beaucoup d'écologistes, le sujet même du nucléaire n'est pas abordable. Le soulever revient à remettre en cause leur identité. Une minorité de « gardiens du temple » rendent le débat impossible. Je me suis d'ailleurs longtemps retenue de poser des questions sur le sujet, j'étais fidèle à la ligne selon laquelle renouvelable = naturel = bon et nucléaire = dangereux = mal. Je voulais être une bonne écologiste. J'ai gardé un point de vue non scientifique de l'énergie nucléaire pendant longtemps. Je suivais l'idéologie dominante et j'avais tort.

Qu'est-ce qui a favorisé votre prise de conscience ?

C'est un processus en plusieurs étapes. Au-delà du sujet de l'énergie, je ne me reconnais pas dans le refus systématique de certains écologistes de tout progrès ou de toute technologie. À les écouter, la seule solution est un changement radical de mode de vie, une sobriété totale. Certains écologistes ont une fascination pour une « pauvreté sublimée ». Ils pensent que l'homme a eu tort de développer des technologies. Ils ont une volonté de retour en arrière. C'est sûrement le fait de mes origines (mes parents ont travaillé dur pour s'en sortir), je ne partage absolument pas cette vision romantique de la pauvreté. Une pauvreté à laquelle plus de 700 millions de personnes dans le monde cherchent encore à échapper.

J'ai aussi comme conviction que nous avons besoin d'énergie pour mener à bien des projets de découverte et d'exploration, comme dans le domaine spatial. Cela fait partie de notre identité humaine et je ne cautionne pas une certaine pensée écologiste qui considère que tous ces projets sont inutiles. L'argument selon lequel on devrait réduire l'usage de l'énergie est en contradiction avec la réalité du progrès scientifique.

J'ai aussi compris, avec le temps, que les solutions individualisées pour limiter nos empreintes carbones étaient certes nécessaires mais incapables de résoudre à elles seules le problème mondial des émissions de CO_2.

Et qu'elles menaient à un sentiment d'échec personnel. Le sentiment de culpabilité lié à cet échec se répand dans toute la société, au-delà des milieux militants et est contre-productif. Cette culpabilisation individuelle est de surcroît bien pratique pour l'industrie fossile, elle nous évite de lui demander des comptes. Moi, qui ai écrit un livre de « *parenting* » pour aider ceux qui veulent élever leurs enfants dans un mode de vie écologiste, j'ai compris qu'il fallait prendre le problème de façon beaucoup plus large et répondre collectivement. Comment, dans les grandes masses, peut-on réduire nos émissions de CO_2 pour lutter contre le fléau qui nous touche : le dérèglement climatique.

J'ai commis des erreurs et nous faisons tous les erreurs. C'est pour cela que le débat et la capacité à entendre d'autres points de vue sont importants. Penser d'une façon trop fondamentaliste, se sentir personnellement attaqué par des points de vue divergents, c'est mauvais signe. Je me suis donc mise à développer une réflexion beaucoup moins paresseuse et simpliste. Je me suis plongée dans la complexité du réel. Seule façon d'arriver à une action efficace. Mais mon obsession est simple : comment faire pour éviter au maximum que l'activité humaine émette du CO_2 ?

Et pourquoi militer pour le nucléaire, qui n'est pas la seule énergie décarbonée ?

J'ai compris que le 100 % renouvelable était impossible à atteindre. L'échec allemand en est une illustration flagrante. L'*Energiewende* de Mme Merkel, après Fukushima, qui renonçait au nucléaire civil et prévoyait une

Allemagne 100 % renouvelable en 2035, est un fiasco. Non seulement les subventions que cette politique engage sont un gouffre financier, mais ces énergies sont peu performantes. Aujourd'hui, un tiers de la production d'énergie en Allemagne provient du charbon, sans que les écologistes allemands réagissent comme ils le devraient ! Et cela n'est pas seulement dû à la guerre en Ukraine. Les conséquences de ces politiques sont tragiques : apparemment, si depuis Fukushima on avait remplacé les centrales à charbon par des centrales nucléaires, on aurait sauvé 1 100 vies par an et économisé plus de 12 milliards de dollars de coût social.

Alors, pourquoi je me bats aujourd'hui pour le nucléaire ? Pour une raison simple : si je peux empêcher la fermeture prématurée d'un réacteur, je peux véritablement calculer la quantité de CO_2 qui ne sera pas émise dans l'atmosphère. Si mon engagement public en tant que militante contribue à la construction de nouveaux réacteurs, alors je sais que la non-émission de CO_2 qui en résulte est synonyme de meilleure qualité de l'air, pour nous tous, et de plus de biodiversité à long terme.

Comment répondez-vous aux objections concernant les déchets nucléaires, le sujet qui freine le plus l'adhésion du grand public ?

Les déchets nucléaires sont gérés avec une attention à nulle autre pareille. Le scepticisme des populations a sûrement eu cette vertu de pousser au maximum l'industrie nucléaire à développer des techniques de stockage et d'enfouissement aussi sûres. Il n'y a que 1 à 3 % des déchets nucléaires qui restent radioactifs dans la durée. Leur quantité depuis la création des premières centrales remplirait à peine un stade de foot. Les déchets sont encapsulés dans de la céramique, du verre, du béton, des matériaux tellement résistants qu'ils absorberaient le choc d'un train lancé à pleine vitesse. Enfin, l'enfouissement de ces capsules est situé dans des zones géologiques à l'abri de tout mouvement sismique.

Les déchets nucléaires sont de loin les déchets énergétiques les plus inoffensifs. On ne peut dénombrer à ce jour la moindre victime de tels déchets. En comparaison, l'industrie du charbon a dispersé dans l'atmosphère, en un an, 300 fois plus de particules que l'industrie nucléaire depuis ses débuts. Le vrai fléau est là, et nous serions collectivement coupables si nous nous obstinions, comme le font les Verts allemands, à cultiver le fantasme d'un danger nucléaire qui profite aux énergies fossiles et au dérèglement climatique. Pour cet aveuglement et cette façon paresseuse de traiter l'information, nous serons jugés sévèrement par les générations futures.

Entretien

Brice Teinturier

Analyste politique français et directeur général délégué de l'institut de sondages IPSOS

Vous êtes directeur de l'institut IPSOS, observateur de la société française depuis de nombreuses années. Comment voyez-vous évoluer l'opinion des Français sur les sujets d'environnement et d'énergie ?

Le premier fait notable est tout simplement l'émergence, à partir de 2018-2019, de la problématique environnementale comme sujet majeur dans les préoccupations des Français. Pendant plus de vingt ans, c'était le chômage qui était la préoccupation archidominante de nos concitoyens, écrasant toutes les autres et faisant de l'écologie un thème quasi anecdotique. Les choses ont changé, la prise de conscience s'est faite et l'inquiétude s'est diffusée, l'environnement figurant maintenant parmi les trois premiers sujets de préoccupations. En 2019 et 2020, on a même vu la traduction électorale de cette inquiétude avec les bons résultats de la liste écologiques aux élections européennes (13,5 %) puis, l'année suivante, aux municipales, à travers la conquête de nombreuses grandes villes : Lyon, Strasbourg, Bordeaux, Besançon, Tour, Annecy, Grenoble… L'autre fait notable est que, durant cette période, les questions relatives à l'environnement, tout en étant une préoccupation plus marquée chez les cadres et les habitants des grandes agglomérations, ont commencé à se diffuser chez les ruraux et dans les milieux populaires, le phénomène faisant tache d'huile. Toutefois, depuis la crise énergétique et le retour de l'inflation, les questions relatives au pouvoir d'achat se sont imposées comme un sujet majeur et s'établissent aujourd'hui 20 points au-dessus de toutes les autres préoccupations des Français. L'écologie a perdu du terrain, et ce malgré un été caniculaire qui, selon beaucoup d'observateurs, aurait dû créer un électrochoc.

Deux tendances opposées sont donc à l'œuvre en ce moment. L'environnement s'est imposé comme enjeu majeur et cela durablement, mais d'autres inquiétudes comme la santé, le pouvoir d'achat, la guerre en Ukraine, etc. occupent les esprits et créent un sentiment de menaces multiples.

Pouvez-vous nous donner un exemple marquant de ce recul relatif des préoccupations écologiques ?

Il y a actuellement une mise à distance par une grosse minorité de Français des enjeux liés au réchauffement climatique. Dans l'Obs'COP, l'enquête annuelle réalisée par Ipsos dans 30 pays pour EDF, le nombre de climatosceptiques en France augmente de 8 points en un an et s'établit à 37 %. Ce n'est pas rien ! L'inquiétude liée au phénomène a également baissé de 6 points, et cela alors même que la population fait de plus en plus le constat des effets concrets du réchauffement climatique. Ceux qui y voient des effets positifs sont d'ailleurs certes minoritaires, mais plus nombreux qu'avant. Tout se passe comme si on s'habituait au phénomène et/ou qu'on le mettait à distance.

Alors certes, il ne faut jamais oublier que le salaire médian dans notre pays est proche de 1 800 euros et qu'une inflation à 6 % en moyenne pèse lourd pour beaucoup de personnes. Cette situation peut en partie expliquer que des foyers fassent de l'environnement une question plus secondaire aujourd'hui qu'hier, avec un prix de l'énergie qui est l'un des éléments déterminants de cette inflation et de cette baisse du pouvoir d'achat – selon l'Insee, les prix de l'énergie ont bondi de 18 % entre septembre 2021 et septembre 2022, et l'énergie représente 8,9 % du budget des ménages. Mais il n'y a probablement pas que cette raison.

Justement, en parlant d'énergie, comment les Français appréhendent-ils les enjeux de la transition énergétique ?

Je ne pense pas que le mot transition parle véritablement à tout le monde. Il est pour beaucoup très abstrait – transition de quoi vers quoi ? – et renvoie à une vision macro des choses, alors que les Français s'intéressent avant tout à des enjeux précis et concrets qu'ils rencontrent au quotidien. Il y a par ailleurs encore une trop faible connaissance des différentes énergies, de leur nature, de leur provenance, de leur taux d'émission, etc. Pour donner un exemple, un nombre encore important de Français associe le nucléaire à l'émission de CO_2. Enfin, quand, sur un sujet complexe, vous avez des émetteurs qui disent des choses différentes, cela entretient le doute et la défiance. Or, par exemple, sur les éoliennes, vous entendez tout et son contraire. Le discours tenu par les écologistes et par certains représentants des Républicains (LR), souvent hostiles, varient du tout au tout. Si vous ajoutez une forte défiance des Français à l'égard des experts dès que ceux-ci travaillent pour une grande entreprise, vous avez un cocktail d'incertitudes qui s'entrecroisent. Et finalement, les Français croient avant tout à ce qui relève de leur propre expérience, de leur vécu ou de ce que leur disent leurs proches, ce qui n'aide pas.

Dans ce contexte complexe, comment les Français appréhendent-ils les différentes énergies ?

Depuis la crise inflationniste, le nucléaire a connu une vraie progression positive, avec un niveau de confiance à 59 %. La cause principale est économique. Les Français ont compris que notre dépendance au gaz nous rendait vulnérables à l'augmentation de son coût, dès lors que le prix de celui-ci est soumis à un marché mondial et/ou à des États qui en font une arme politique. Idem pour le pétrole. Le nucléaire est donc perçu par une partie de l'opinion comme une énergie moins chère, plus stable, et cela la rend plus attractive.

Une autre raison est la demande croissante de retour à davantage de souveraineté. Pendant la crise de la

Covid-19, les Français ont compris que dépendre de la Chine pour des produits aussi essentiels que le paracétamol ou les masques était dangereux. Ils sont nombreux (plus de 80 %) à souhaiter une relocalisation des moyens de production. L'énergie nucléaire, parce qu'elle est française, les rassure.

Enfin, l'idée d'une énergie propre en matière de rejets dans l'atmosphère joue également. Mais il y a également des doutes : doutes sur les dangers associés à cette énergie. Doutes sur son véritable coût. Est-ce une énergie si bon marché que cela, compte tenu des investissements immenses qu'impliquent l'implantation de centrales et le temps pour monter les projets ? Doutes aussi, ou confusion, sur le fait de savoir si le nucléaire contribue ou non au réchauffement climatique.

Les autres énergies véhiculent par ailleurs de nombreuses interrogations : les éoliennes font peur à certains et sont accusées d'abîmer les paysages. Le charbon est nocif et mal noté par les Français, mais potentiellement bon marché et à portée de main. Je ne sais pas comment réagirait une partie de la population à une offre énergétique charbon qui casserait les prix du marché… La tentation serait forte d'y adhérer.

Dans ce contexte multifactoriel, comment faire avancer la transition énergétique et susciter l'adhésion ?

Le défi majeur est moins celui de la prise de conscience que celui des solutions concrètes apportées. Les Français attendent qu'on leur propose un nouveau modèle qui soit viable, et recherchent des solutions opérationnelles qui ne les pénalisent pas. Changer les règles, déstabiliser leur mode de vie et leur pouvoir d'achat au nom des enjeux environnementaux n'est pas acceptable pour eux. Ils ont besoin d'être protégés face aux bouleversements. Pensez aux Gilets jaunes : la colère a éclaté pour de nombreuses raisons, mais l'une d'entre elles est qu'on a voulu imposer un changement sans prendre en compte les problèmes qu'il engendrait. Être dans le déni des problèmes ou dans les injonctions sans solution est la pire des attitudes.

Les Français peuvent donc changer une partie de leurs comportements au nom de l'environnement si on leur facilite les choses. Ils ont massivement adopté le tri sélectif des déchets quand l'offre a rendu celui-ci aisé. Sur les transports, ce n'est donc pas évident, et les Français ont tendance à minimiser la contribution des transports individuels aux problèmes environnementaux parce qu'il ne leur est pas encore proposé d'alternatives claires à la voiture thermique, adaptées à leurs besoins et à leur budget. Quand les solutions appropriées viendront – aussi bien en matière d'énergie que de transport –, des solutions qui combinent enjeux de pouvoir d'achat et enjeux écologiques, l'adhésion pourra être au rendez-vous.

Cette analyse très centrée sur le pouvoir d'achat s'applique-t-elle à toutes les générations ? Les plus jeunes hiérarchisent-ils les choses autrement ?

Il n'y a pas, contrairement à une opinion répandue, de « génération climat ». La jeunesse est plurielle et globalement ne diffère pas tant que cela du reste de la population sur la question du réchauffement climatique et des comportements vertueux. Certes, un petit segment, très radical et mobilisé, interpelle et peut donner cette impression. Mais c'est une déformation de ce que pense la jeunesse dans sa globalité. En revanche, au sein des plus jeunes, plutôt les 16-24 ans que les 25-29 ans, les sujets environnementaux, les sujets d'inclusivité, la remise en cause d'un modèle consumériste sont plus prégnants. Certes, ils ne sont pas encore soumis aux mêmes contraintes financières que leurs aînés car peu d'entre eux sont « installés », mais il est possible que leurs préoccupations divergent dans la durée. Il n'est donc pas interdit de penser que leur classement de préoccupations sera différent et que l'écologie s'affirmera plus fortement.

Une énergie qui peut déchaîner les passions

Valérie Faudon

Déléguée générale de la Société française de l'énergie nucléaire (SFEN)

Un observateur utilisait en 2019 le terme de « passion française[1] » pour décrire le ton des conversations sur le nucléaire dans notre pays : « Lorsque vous souhaitez parler d'environnement sur les réseaux sociaux, il y a une règle d'or à bien avoir en tête : évoquez le nucléaire et vous réveillerez les *trolls* de tous bords. Impossible d'évoquer les limites du tout-nucléaire sans être taxé de contempteur écolo. Interdit de souligner que cette énergie décarbonée contribue à l'atteinte des objectifs de l'accord de Paris sans passer pour un lobbyiste acharné. »

1. « Le nucléaire, une passion française », *L'Usine nouvelle*, 8 mai 2019.

Une énergie qui capture l'attention

Le déchaînement des passions sur le nucléaire n'est pas nouveau. Au début du programme nucléaire, comme le rappelait l'historien Michaël Mangeon, il pouvait même prendre une forme radicale. On peut ainsi citer des attentats à l'explosif sur des sites nucléaires en construction, comme à Brennilis et Fessenheim, en 1975, une manifestation à Creys-Malville qui coûta la vie à un manifestant en 1977 ou, une attaque au lance-roquettes sur le chantier de la centrale nucléaire Superphénix en 1982.

Aujourd'hui, elle prend une forme heureusement non violente, la discussion sur le nucléaire occupe une place importante dans les débats politiques. À l'automne 2011, la proposition de baisse de la part du nucléaire à 50 % du mix électrique à l'horizon 2025 était au cœur de l'accord d'alliance électorale entre le Parti socialiste (PS) et Europe Écologie-Les Verts (EÉLV). Les temps ont changé : comme le note Didier Witkowski, d'après le baromètre réalisé chaque année par EDF avec le CSA, le nucléaire bénéficie en 2022 d'un véritable retour en grâce dans l'opinion publique française. La majorité des Français adhèrent aujourd'hui à l'idée de produire de l'électricité dans l'avenir avec du nucléaire, et cela dans tous les partis, à la seule exception d'EÉLV. Pourtant, à l'occasion des élections présidentielles et législatives de 2022, le nucléaire est resté un sujet particulièrement clivant entre LFI et le Parti communist (PC), au point de rendre les deux partis quasiment « irréconciliables ».

Dans les discussions sur la transition énergétique, le nucléaire a tendance à prendre toute la place. À tel point qu'à l'occasion de la Convention citoyenne pour le climat, en 2020, ne pas inclure le nucléaire dans les débats a justement permis aux 150 citoyens de concentrer (enfin) leurs travaux sur des mesures visant à la réduction des consommations d'énergies fossiles. Lors des débats de la primaire écologiste de septembre 2021, placés sous le signe de l'urgence climatique, le nucléaire, pourtant bas carbone, a éclipsé totalement la question de la sortie des énergies fossiles, lesquelles constituent pourtant 60 % de notre consommation énergétique et l'essentiel de nos émissions de gaz à effet de serre. La Commission nationale sur le débat public (CNDP) recommande, dans sa note de mai 2022 sur la concertation énergétique à venir sur l'énergie, de « veiller à la non-binarisation des débats notamment autour de la question du nucléaire ou à des oppositions de type "EnR *versus* nucléaire" ».

Une énergie porteuse de plusieurs « halos symboliques »

On peut se demander, au moment où s'établit un certain consensus dans la société française sur l'énergie nucléaire, pourquoi elle continue à déchaîner les passions. Rappelons-le, d'après le baromètre CSA, le premier argument contre l'énergie nucléaire reste aujourd'hui la question de la gestion des déchets : trois quarts des Français estiment qu'« on ne sait pas quoi faire des déchets nucléaires ». En pratique pourtant, les Français se montrent peu intéressés à s'informer ou débattre sur ce sujet, comme on a pu le constater à l'occasion du débat national sur le Programme national de gestion des matières et déchets nucléaires organisé par la CNDP[1], en 2019. Cette dernière notait dans son compte rendu que « la technicité des sujets a pu constituer une barrière d'entrée à la participation des citoyens non spécialistes, ici à peu près absents de cette modalité particulière de participation ». Parmi les participants actifs dans le débat, des spécialistes des deux bords, la CNDP a toujours relevé une « très grande sensibilité du sujet » et un « caractère clivant », faisant état de « perturbations » lors des réunions.

Ce décalage entre le relatif consensus autour du nucléaire et les passions qu'il déchaîne peut être en partie expliqué dans la manière différente dont les personnes interrogées répondent, dans l'étude CSA, selon la façon dont on pose la question. Ainsi, si 34 % des personnes interrogées se positionnent par principe comme « opposées au nucléaire », elles ne sont plus que 21 % (le score d'ailleurs le plus bas depuis 2008) à dire qu'elles ne sont « pas d'accord » pour que « l'énergie nucléaire soit utilisée pour produire l'électricité dont nous aurons besoin dans l'avenir ».

---

1. Bilan et compte rendu du débat public relatifs à la 5e édition du Plan national de gestion des matières et des déchets radioactifs (PNGMDR), « Compte rendu du débat public 17 avril-25 septembre 2019 », *Débat public-Plan national de gestion des déchets radioactifs*, 5e édition, 2019-2021, https://pngmdr.debatpublic.fr/images/bilan-cr/PNGMDR-compte-rendu.pdf

On peut faire l'hypothèse qu'une personne qui répond « par principe », plutôt qu'en référence à un besoin pratique (produire de l'électricité), est dans une démarche par laquelle elle cherche à établir la cohérence entre son propre système de valeurs et le « halo symbolique[1] » qu'elle associe au nucléaire. Or le nucléaire a été, depuis les années 1970, associé à de nombreux discours politiques, et placé au centre d'un réseau complexe d'opinions et de motivations.

Une énergie mêlée aux combats politiques des années 1970

L'opposition au nucléaire a d'abord été une opposition à la bombe atomique. Ainsi, à l'origine, l'ONG Greenpeace est née d'une action de protestation, en 1971, menée par un groupe de militants nord-américains contre les essais nucléaires américains prévus sur l'île d'Amchitka, au large de l'Alaska. Le nom Greenpeace a été alors choisi pour évoquer deux problématiques centrales : l'environnement et le pacifisme. La confusion entre nucléaire civil et militaire demeure aujourd'hui toujours en filigrane dans le discours actuel des opposants au nucléaire. Ainsi, quand Greenpeace parle de l'usine Orano[2] de La Hague,

---

1. Gilbert Simondon, *Sur la technique*, PUF, 2014 et « L'effet de halo en matière technique : vers une stratégie de la publicité, *Cahiers de l'ISEA*, 1960. Ce dernier texte est réédité dans l'ouvrage *Sur la technique*.

2. « La Hague : l'overdose nucléaire », Greenpeace, 23 janvier 2019.

laquelle a été reconvertie au nucléaire civil depuis les années 1970, l'association rappelle toujours qu'elle avait pour « objectif initial d'extraire du plutonium pour des raisons militaires ». L'association Sortir du nucléaire[1] va plus loin dans la confusion : « Le nucléaire civil cache la bombe atomique et soigne son image. Il veut faire oublier [...] que l'armée a besoin des centrales nucléaires pour fabriquer ses engins de mort. »

L'association du nucléaire au « complexe militaro-industriel », très fort au sein des mouvements d'extrême gauche dans les années 1970-1980, subsiste aujourd'hui dans le discours de certains mouvements radicaux, comme le groupe grenoblois Pièces et main-d'œuvre (PMO), très actif lors du débat national sur les nanotechnologies en 2009. Engagé dans une critique radicale de la recherche scientifique, de l'industrie nucléaire et des nanotechnologies, qualifiées de « nécro-technologies », PMO estime que la technologie est « la continuation de la guerre par d'autres moyens », car « chaque innovation sur le front de la technologie entraîne en cascade une dégradation du rapport de force entre le pouvoir et les sans-pouvoirs ». Le collectif Sortir du nucléaire assimile le nucléaire non pas au service public de l'électricité, mais à la finance pour constituer les « deux piliers du capitalisme français[2] ». Il dénonce entre autres une « technostructure » qui prétendrait « incarner la grandeur de la France tout

---

1. https://www.sortirdunucleaire.org/Nucleaire-militaire

2. « Nucléaire et finance : le pouvoir des lobbys contre la démocratie », Observatoire des multinationales, 2 novembre 2017.

en étant gouvernée par une logique d'accumulation et de profit ».

Enfin, des opposants historiques portent toujours aujourd'hui un message d'association originelle du nucléaire avec le mythe de Prométhée. Ainsi Yves Cochet[1] écrivait-il en 2021 : « L'indubitable fascination des humains pour la force hallucinante du nucléaire relève de la croyance religieuse, celle de la toute-puissance. Au cours de l'évolution, l'espèce humaine n'a jamais construit un artefact de cette amplitude-là, [...] qui dépasse les capacités cognitives du cerveau humain, notamment dans ses conséquences funestes. » Cette association du nucléaire à une force que l'on ne pourrait maîtriser reste très forte. En s'appuyant sur le baromètre annuel de perceptions des risques de l'Institut de radioprotection et de sûreté nucléaire (IRSN), Jean-Jacques Ingremeau[2] remarque que les accidents nucléaires de Tchernobyl et Fukushima sont clairement perçus par les Français comme les plus « effrayants », même comparés à des évènements beaucoup plus meurtriers (comme le tsunami de 2004 dans l'océan Indien, qui a causé la mort de 230 000 personnes).

---

1. « L'échec du nucléaire », Institut Momentum, 7 décembre 2021.

2. « Quelle représentation les Français ont-ils du nucléaire ? », Afis science, Association française pour l'information scientifique, 24 mai 2022.

L'énergie nucléaire entre urgence climatique, luttes pour la décroissance et écoféminisme

Même si elle a prouvé son efficacité à réduire les émissions de gaz à effet de serre, l'énergie nucléaire est source aujourd'hui de dilemmes et de contradictions au sein des mouvements écologistes traditionnels, tiraillés entre la priorité à donner à la lutte contre le changement climatique et leurs racines militantes antinucléaires. Beaucoup continuent aujourd'hui encore à entretenir la confusion entre l'énergie nucléaire, bas carbone, et les énergies fossiles. Ainsi la pétition « L'Affaire du siècle », portée en 2019 par quatre ONG, dont Greenpeace, sous la bannière « Climat : stop à l'inaction, demandons justice ! », demandait à l'État, entre autres, d'« investir dans la rénovation des logements et de promouvoir l'usage des énergies renouvelables, en abandonnant le recours aux énergies fossile et nucléaire ». L'opposition au nucléaire reste un principe au sein d'EÉLV, qui a réinscrit dans son règlement intérieur[1], en 2022, « l'engagement en faveur de la sortie du nucléaire civil », alors que celui-ci ne mentionne pas d'objectif de sortie des énergies fossiles : pour de nombreux militants, la sortie du nucléaire reste une sorte de « totem originel », sorte de « mère de toutes les luttes écologistes ».

De la même façon, le 31 mars 2022, alors qu'était mise en service la toute dernière centrale à gaz fossile de Landivisiau, dans le Finistère, Greenpeace a choisi de

---

1. https://www.eelv.fr/files/2022/03/RI-national-Version-24-mars-2022.pdf

manifester non pas sur le site de la nouvelle installation fossile, mais d'organiser une intrusion sur le site de la centrale nucléaire de Flamanville[1].

Pour de nombreuses organisations qui associent la lutte contre l'urgence climatique à la nécessité d'un changement radical de société, le nucléaire serait contre-productif, en ce sens qu'il rendrait moins nécessaire des efforts drastiques en matière de sobriété. Ainsi, Cécile Duflot, directrice d'Oxfam, écrivait sur Twitter le 4 avril 2022 : « Un des soucis du nucléaire, c'est qu'on n'a pas été habitués à gérer notre consommation d'électricité ou plus exactement on a été poussés à gaspiller. Je suis écologiste et je suis aussi "normale" : mon four a une pendule, mon micro-ondes aussi, que l'on ne peut pas éteindre. » Une vision que ne semble pas partager le Shift Project qui, s'il estime, dans son plan de transformation de l'économie française, qu'il ne faut pas « reposer sur le pari de la croissance économique[2] », reconnaît un rôle important à jouer pour le nucléaire en tant qu'« amortisseur de décroissance[3] ».

Citons enfin l'association récente du nucléaire aux enjeux écoféministes. Sandrine Rousseau (EÉLV), déclarait en août 2021 dans *Charlie Hebdo*[4] : « Le monde crève de trop de rationalité, de décisions prises par des ingénieurs.

---

1. « À Flamanville, intrusion et blocage du chantier de l'EPR », Greenpeace, 31 mars 2022.
2. https://theshiftproject.org/wp-content/uploads/2021/10/PTEF_web.pdf
3. « Le nucléaire, "amortisseur de la décroissance" selon Jancovici », *GoodPlanet mag*, 7 août 2020.
4. « Sandrine Rousseau et le "féminisme inclusif" », *Charlie Hebdo*, 25 août 2021.

Je préfère des femmes qui jettent des sorts plutôt que des hommes qui construisent des EPR. » Faisant référence à l'essai de Mona Chollet, *Sorcières*, Sandrine Rousseau revendique alors une filiation avec la militante française Françoise d'Eaubonne[1], qui avait participé à l'attentat du 3 mai 1975 contre la centrale de Fessenheim en construction. La logique du mouvement était que « le patriarcat est responsable à la fois des désastres écologiques (par la surproduction et la logique capitaliste) et de l'asservissement des femmes (en s'étant approprié le corps des femmes) ». On retrouve la même position lors de la manifestation organisée à Bure par le collectif féministe Les Rayonnantes à l'été 2022 : « En nous attaquant au nucléaire, il ne s'agit pas seulement de mener une lutte écolo anticapitaliste mais aussi de s'attaquer à tous les systèmes d'oppression qui y sont liés : racisme, colonialisme, cis-hétéro-normativité, classisme, validisme, spécisme (pour ne citer qu'eux). »

Un changement dans l'air, avec des prémices en Finlande ?

Un article de *Reporterre*[2] faisait état d'évolutions récentes au sein d'EÉLV sur la question du nucléaire, un élu du

---

1. Caroline Goldblum, Françoise d'Eaubonne, « À l'origine de la pensée écoféministe », Association pour la recherche de synthèse en sciences humaines (ARSSH), « L'homme et la société », n° 203-204, 2017.

2. « Chez les Verts, l'essor discret des pronucléaires », *Reporterre*, 10 février 2022.

parti assurant que les positions antinucléaires n'étaient « plus hégémoniques au sein du parti ». Un autre cadre déclarait : « Je pense que notre discours sur le nucléaire décourage beaucoup de nous rejoindre. À mon sens, ça pourrait être utile que la position du parti soit rediscutée. »

Le 23 mai 2022, la Ligue verte finlandaise annonçait, lors de sa convention annuelle des militants, l'adoption dans le manifeste du parti de la mention : « Le nucléaire est une énergie durable[1] ». Elle demandait aussi que la réglementation favorise le développement des petits réacteurs modulaires (SMR). Un militant déclarait : « Je suis heureux et fier. [...] Il s'agit d'un moment historique pour le mouvement écologiste, car nous sommes le premier parti vert dans le monde à abandonner la position antinucléaire. »

Ces évolutions récentes laissent à penser que nous sortons peu à peu de la vision du nucléaire des années 1970. Les passions que le nucléaire déchaîne concernent de moins en moins de monde : ainsi, quand on l'interrogeait sur sa relève, le militant Bernard Laponche[2], aujourd'hui âgé de 84 ans, répondait récemment : « Nous, les chercheurs critiques sur le nucléaire, sommes de plus en plus âgés. On manque clairement de transmission entre les générations. » Surtout aussi, le nucléaire lui-même change : il évolue tant sur la technique, avec de nombreuses initiatives d'innovations disruptives, que sur son rôle dans le

---

1. https://allianceforscience.cornell.edu/blog/2022/05/finland-green-party-nuclear/

2. « Le nucléaire est dangereux et ceux qui s'en occupent tout autant », *Reporterre*, 27 mai 2022.

système électrique, en se positionnant en complémentarité avec les EnR. Enfin, après les difficultés rencontrées sur le chantier de Flamanville, le discours des « pros » est aujourd'hui devenu « plus humble ». Alors qu'un nouveau programme se prépare, le nucléaire est plus que jamais, avec sa filière de 3 000 entreprises, ses 220 000 employés, au cœur des territoires, au cœur et à l'image de la société française.

Les enjeux géopolitiques de la dépendance énergétique

Marc-Antoine Eyl-Mazzega
Directeur du Centre Énergie &
Climat de l'Institut français
des relations internationales (Ifri)

La sortie de la pandémie, l'entrée en guerre progressive de la Russie en Ukraine et sa stratégie d'actions hybrides à l'encontre de certains États européens, ont provoqué et renforcé des crises multiformes en Europe et dans le monde : à la crise sanitaire qui n'est pas terminée se sont ajoutées des crises des chaînes logistiques, des crises des marchés des hydrocarbures, une crise européenne des prix de l'électricité, une crise industrielle (automobile, verre, pétrochimie, transport), des tensions sociales grandissantes et, enfin, une crise géopolitique au cœur de l'Europe avec le retour de la guerre entre États. Dans le même temps, une autre crise géopolitique s'inscrit désormais dans la durée au point de devenir un élément de recomposition structurant du système international, celle de la rivalité sino-américaine.

La très forte dépendance énergétique d'un grand nombre d'États européens vis-à-vis de la Russie, que le Kremlin a sournoisement entretenu ces dernières années et que la plupart des Européens ont refusé de voir, a été l'une des raisons qui ont sans aucun doute convaincu le président Poutine que les conséquences économiques et politiques seraient limitées s'il attaquait l'Ukraine, et de surcroît qu'il tiendrait là des instruments de pression contre les États européens.

Au moment où il faudrait investir massivement pour accélérer la transition énergétique afin de répondre aux urgences environnementales et renforcer ou créer les capacités industrielles pour produire en Europe ces technologies clés, l'inflation menace de se transformer en « stagflation ». Les budgets des États sont ponctionnés à nouveau pour tenter d'apaiser les impacts de la hausse des coûts de l'énergie sur les consommateurs, et ils sont accaparés par les urgences énergétiques : se préparer à une rupture large et dans la durée des approvisionnements russes, remplir les stocks gaziers pour l'hiver, trouver du charbon, des produits pétroliers alternatifs ou mobiliser les stocks stratégiques. Ces enjeux pressants dominant l'agenda politique et les négociations sur le grand paquet climat européen (*Fit-for-55*) passent inévitablement au second plan. Les taux d'intérêt remontent aux États-Unis et la parité euro/dollar s'installe, ce qui renforce encore l'attrait des États-Unis et le coût de nos importations, et affaiblit notre compétitivité. Les entreprises sont confrontées à de multiples chocs et incertitudes, car elles doivent commencer à rembourser les crédits liés à la pandémie.

La guerre en Ukraine représente un choc immense, car il implique de se passer rapidement des fournitures russes et de renoncer aux partenariats qui se structuraient pour accompagner la décarbonisation des économies européennes, notamment dans l'hydrogène ou l'ammoniac (à partir de gaz naturel), la capture et le stockage de CO_2. La vulnérabilité aux importations provenant de Russie a été largement mise au jour par cette guerre et dépasse le gaz naturel : barres d'uranium, charbon (notamment pour l'Allemagne et la Pologne), produits raffinés (principalement le diesel pour la France), acier, aluminium, métaux comme le titane, mais aussi le bois et autres produits transformés. La Russie a finalement choisi de répondre à l'« agression verte » des Européens par la guerre, qui devrait accélérer d'au moins dix ans la réduction très forte des exportations d'hydrocarbures russes vers l'Europe.

Cette crise n'est pas une première : en 1973, les pays occidentaux ont subi un embargo pétrolier des pays de l'OPEP. Le pétrole avait une place prépondérante dans les bouquets énergétiques. Cette crise les a convaincus de développer des stocks stratégiques, qui servent déjà à amortir le choc russe, et à se diversifier vers le gaz, le charbon et/ou le nucléaire tout en économisant l'énergie. Diversification des approvisionnements, économies d'énergie et technologies bas carbone restent aujourd'hui les principales réponses stratégiques envisagées par les Européens.

Si l'Europe est secouée, le cap de la transition demeure, et une accélération des efforts peut être envisagée si les décideurs parviennent à articuler les échelles de temps dans leur réponse à la crise.

Le retour indispensable à la sécurité énergétique et économique

Au cours des dix dernières années, l'Union européenne s'est placée dans une quintuple vulnérabilité :

- à l'égard des énergies fossiles, qu'elle contrôle de moins en moins, au profit de la Russie et du Moyen-Orient, qui vont concentrer désormais la majorité des investissements dans l'amont pétrolier et gazier, et des États-Unis ;
- à l'égard des énergies renouvelables, dont de nombreuses technologies ou équipements sont importés ou dépendent de l'étranger, même pour l'industrie de l'éolien offshore, plus localisée mais dont certains équipements de construction ou de maintenance lourds opèrent désormais à l'échelle mondiale ;
- à l'égard des solutions de flexibilité du système électrique, qui pour l'instant reposent sur les centrales thermiques fonctionnant en partie aux hydrocarbures russes, l'hydroélectricité étant significative mais insuffisante ;
- à l'égard du magnésium, indispensable pour produire de l'aluminium ;

- enfin, et de manière croissante, à l'égard des métaux critiques, comme le lithium, le cobalt, le nickel ou le cuivre notamment, dont les cours sont au plus haut, avec une très forte volatilité.

La plupart des États membres ont sous-investi dans les technologies bas carbone au cours des dix dernières années et restent très dépendants des énergies fossiles importées, alors que les investissements en amont ont chuté bien plus vite que la consommation, qui a continué de croître (sauf dans les États de l'OCDE). C'est la pire des situations pour l'Union européenne et ses membres, dont la balance commerciale se creuse, la compétitivité des entreprises s'érode, le pouvoir d'achat des ménages baisse et les dépenses publiques augmentent pour limiter la hausse des prix de l'énergie. L'Union européenne subit ainsi de plein fouet la hausse du coût des importations des hydrocarbures et des produits à base d'acier.

De surcroît, sous la pression de l'Allemagne et de certains groupes d'intérêt, les Européens étaient sur le point de laisser s'éroder la part de l'électricité nucléaire dans le mix électrique, actuellement de 25 %, au profit bien entendu des énergies renouvelables, mais aussi des centrales à gaz. Ainsi, l'Allemagne prévoyait de construire jusqu'à 25 GW de capacités supplémentaires au gaz pour équilibrer son système électrique, et comptait sur le gaz russe bon marché pour y parvenir et répondre aux besoins de son économie d'une énergie compétitive, bas carbone et sûre. La Belgique comptait peu ou prou faire la même chose pour se passer de ses réacteurs nucléaires.

Accélérer le déploiement des énergies renouvelables, maintenir l'électricité nucléaire et déployer les solutions de flexibilité devient indispensable. Mais les technologies bas carbone reposent souvent sur des composants importés et dépendants des chaînes logistiques perturbées, notamment en provenance de Chine, où l'enjeu du travail forcé, l'accroissement de la demande intérieure et les restrictions sanitaires renforcent les perturbations des fournitures. Pour équilibrer l'intermittence des énergies renouvelables, il a fallu jusqu'à présent compter sur le gaz et sur le charbon, tous deux importés, notamment de Russie. L'éolien est un grand consommateur de ciment, qui requiert beaucoup de gaz. Et les solutions désormais sur la table pour faire face aux crises ont des effets paradoxaux : un recours accru au gaz naturel liquéfié américain, un engouement pour les projets d'importation d'hydrogène et de produits dérivés, une dépendance grandissante aux métaux dits critiques, aux terres rares, en soutien au développement des technologies digitales et bas carbone, et un boom des énergies renouvelables sans stratégie alternative au gaz pour compenser l'intermittence.

Dernier volet de dépendance qui se renforce, celui des acteurs et des normes. La rivalité économique traditionnelle entre grandes puissances s'est transformée en une rivalité technologique qui porte sur les données, les solutions digitales, les cellules de batterie, les réseaux, les câbles, les systèmes de contrôle notamment, et qui s'est élargie à l'espace et aux océans. Les acteurs chinois, japonais ou américains, et désormais les Européens, agissent ou réagissent dans ces domaines : rachat d'actifs, vol de propriété intellectuelle, contrôle des exportations, sanctions et mesures extraterritoriales, mesures tarifaires directes ou indirectes, accaparement des données, contrôle des investissements extérieurs, subventions directes et indirectes, ou encore les restrictions sur les appels d'offres composent la panoplie des mesures caractérisant le virage à la fois défensif et offensif qui s'opère dans la plupart des économies. Et partout, le nationalisme s'affirme. Dans les pays émergents, la localisation des chaînes de valeur devient une exigence grandissante.

Les recompositions géopolitiques liées à la transition énergétique rendent l'équation encore plus complexe

L'Union européenne ne doit pas viser l'autarcie énergétique, technologique et économique, qui rendrait prohibitif le coût de sa transition vers la neutralité climatique. Les importations se diversifieront et se transformeront progressivement, mais il s'agit avant tout de ne pas construire et ancrer de nouvelles vulnérabilités et de maîtriser ses chaînes de valeur.

La plupart des pays exportateurs d'hydrocarbures resteront centraux, en particulier ceux qui pratiquent des coûts bas au Moyen-Orient. Si un découplage économique et politique s'opère à l'encontre de la Russie, qui est passée d'une superpuissance énergétique à une supernuisance énergétique, agricole et climatique, les producteurs du Moyen-Orient auront un rôle renforcé : ils produiront la dernière goutte de pétrole et, dans le même temps, possèdent des capacités d'investissement très élevées ainsi qu'un potentiel immense dans les technologies bas carbone, avec éventuellement la constitution d'une base industrielle mondiale, grâce à l'énergie solaire bon marché, au nucléaire et à un positionnement géographique opportun pour servir l'Inde, la Chine, l'Afrique et l'Europe.

L'Union européenne aura besoin de nombreuses interconnexions électriques avec ses voisins : l'Ukraine a été intégrée au marché électrique européen, la Norvège peut devenir une batterie de l'Europe en combinant hydrolique et éolien, le CO_2 émis en Europe peut être stocké, comme au Royaume-Uni. Au Sud, le potentiel lié à des projets d'interconnexions électriques est majeur, avec l'Égypte, Israël, la Tunisie et le Maroc.

L'Union européenne pourra importer de l'ammoniac notamment de Norvège, d'Égypte, du Moyen-Orient, du Chili, de Namibie, et de l'hydrogène depuis le Maroc, la Norvège voire l'Algérie ou l'Ukraine dans des canalisations de gaz transformées. Il n'est pas encore acquis que l'industrie des électrolyseurs soit européenne, la Chine disposant d'un vrai savoir-faire dans la technologie alcaline et d'une capacité à effet d'échelle immense.

L'Union européenne devra miser davantage sur son potentiel minier mais également établir de nouveaux partenariats pour sécuriser son approvisionnement en minerais et métaux stratégiques dans un contexte de rivalités croissantes entre puissances, tout en veillant au respect de ses exigences environnementales et sociales. Deux premiers cadres de coopération ont été établis à l'été 2021, avec l'Ukraine et le Canada, et l'Europe se tourne désormais vers l'Afrique pour répliquer cette formule.

Les États-Unis, mais aussi l'Australie, certaines parties du Canada et du Brésil, les Émirats ou l'Arabie saoudite deviendront de plus en plus de super concurrents. Ils disposent pour la plupart d'une énergie bon marché, potentiellement (et de manière croissante) très bas carbone, en gros volume, d'une production agricole et industrielle ayant une forte capacité d'accroissement. Si l'eau y sera un enjeu croissant, la question fondamentale est de savoir à quel prix l'on pourra encore produire des biens intensifs en énergie en Europe. Dans un monde en transition vers la neutralité climatique, l'accès à une électricité décarbonée abondante et abordable devient un paramètre déterminant des choix de localisation industrielle.

Une grande interrogation demeure sur les nouvelles générations de cellules photovoltaïques, miniaturisées, plus légères, plus efficaces, sur les solutions de stockage stationnaire de l'électricité et de pilotage flexible des réseaux : ces solutions seront-elles européennes, alors que l'on voit les avancées des États-Unis ou de la Chine dans certains de ces domaines ?

Dans le nucléaire civil, une recomposition est aussi à l'œuvre. La poursuite de partenariats avec le géant du nucléaire russe Rosatom est compromise. L'industrie du nucléaire civil en Chine est sous le coup de la politique d'endiguement américaine, qui au mieux acceptera que la Chine développe des réacteurs dans son pays (il faudrait des centaines de nouveaux réacteurs pour atteindre les objectifs de décarbonisation en 2060), mais pas à l'étranger. L'industrie américaine renaît, tirée par le secteur privé et encadrée par des partenariats publics-privés.

Dans l'ensemble, l'électrification des économies, le pic de la demande pétrolière et de charbon mondiale devrait progressivement réduire les volumes d'hydrocarbures échangés dans le monde. La géopolitique des hydrocarbures demeurera centrale, et sera encore davantage complétée par une géopolitique des technologies numériques et bas carbone. Pour la France et l'Europe, la question de l'avenir de ses dépendances sera liée à sa capacité à accélérer les solutions bas carbone et leur intégration systémique, et à maintenir une industrie énergo-intensive. L'Union européenne et la France doivent mieux s'armer pour affronter ce long cheminement qui vient d'être amorcé, et anticiper la prochaine crise : celle des minerais et métaux. Enfin, la géopolitique de la dépendance énergétique, qui se transformera sans disparaître, sera accompagnée d'une géopolitique environnementale et climatique (océans, forêts, sols, techniques de géo-ingénierie), avec de nouvelles dépendances et vulnérabilités, mais aussi par une géopolitique des engrais et denrées agricoles, de l'eau et du sable, de plus en plus structurante.

CONCLUSION

« Lumières sur le nucléaire », c'est d'abord un choix. Celui de mettre en lumière les grands enjeux de l'énergie nucléaire, en donnant la parole à des experts de tous horizons, qui offrent chacun leur regard sur cette énergie, sans omettre ce qui soulève doutes ou controverses. Je tiens ici à remercier encore l'ensemble des contributeurs pour la qualité et la pédagogie de leurs propos. Ensemble, nous avons, je crois, produit un ouvrage qui correspond à l'ambition que nous nous étions donnée : éclairer les débats posés par le nucléaire et bousculer certaines idées reçues.

Ces témoignages précieux ont mis en évidence à la fois les grands enjeux politiques, sociétaux, économiques et technologiques, en livrant les points saillants qui soulignent, très souvent, la situation singulière de la France. À commencer par la souveraineté énergétique. La pandémie, puis la guerre en Ukraine ont remis les enjeux de souveraineté au centre des préoccupations des États de garder le contrôle de leur destin énergétique. L'électricité est un bien vital, au cœur du développement. Elle ouvre la voie aux investissements, aux innovations et à des secteurs nouveaux qui sont autant de moteurs de création d'emplois, de croissance inclusive et de prospérité partagée. La part prépondérante du nucléaire dans le mix français assure l'indépendance énergétique de notre pays en limitant nos importations d'énergies fossiles pour produire de l'électricité.

Le changement climatique est aujourd'hui à l'œuvre. Notre défi collectif est de produire plus d'électricité décarbonée dans les meilleurs délais possibles, dans des conditions optimales. Les comportements changent apportant davantage de sobriété énergétique. Pour Brice Teinturier, « les Français attendent qu'on leur propose un nouveau modèle qui soit viable. Et recherchent des solutions opérationnelles qui ne les pénalisent pas ».

Les prévisions de production et de consommation électriques présentées par RTE à horizon 2050 pour la France privilégient un scénario de mix énergétique dans lequel le nucléaire représente un socle pour atteindre les objectifs de décarbonation. Je suis convaincu de la complémentarité des énergies entre elles. Le nucléaire, l'hydraulique, les renouvelables sont des énergies décarbonées, disponibles à des prix compétitifs, qui ne dépendent, pas ou peu, de puissances extérieures.

L'électricité n'est pas un bien comme un autre, le nucléaire sans doute plus que les autres moyens de production. Aujourd'hui, la majorité de nos concitoyens se prononce en faveur du nucléaire à condition qu'il soit compétitif, sûr et disponible au moment où ils en ont besoin.

Néanmoins, le nucléaire interpelle et reste encore assez méconnu. Les Français sont concernés en premier lieu par les usages que leur offre l'électricité ; ils sont moins nombreux à connaître le fonctionnement des technologies de production d'électricité et les sciences qui les irriguent. Car même si, comme Rafael Mariano Grossi nous le rappelle, « l'énergie nucléaire est aujourd'hui plus sûre et maîtrisée que jamais », il est indispensable d'en faire la preuve, au quotidien, afin de garantir la confiance de tous.

Le nucléaire est une industrie de temps long. L'inflexion politique a été donnée en 2022 par les pouvoirs publics, qui ont confirmé la volonté de prolonger les réacteurs nucléaires en toute sûreté et de lancer un nouveau programme nucléaire associant la construction de six nouveaux EPR en France et le lancement des études pour huit EPR2 additionnels. Ce *momentum* coïncide avec une confiance renouvelée des Français dans l'énergie nucléaire. Plus qu'un simple élan en faveur de l'atome, ce tournant favorable dans l'opinion constitue une condition essentielle pour accompagner la dynamique d'activité en forte croissance en France et au Royaume-Uni, pour ne citer que ces deux pays.

Une décennie riche, intense et passionnante se dessine pour toute une filière et son tissu industriel. Le nucléaire offre des perspectives majeures en termes d'activité et d'emploi. Des emplois également porteurs de sens pour lesquels il convient de relever dès maintenant le défi des compétences. La filière industrielle anticipe une augmentation d'environ 25 % de l'activité dans les dix prochaines années, ce qui induit une inflexion significative des activités pour les métiers et entreprises du nucléaire, et ce dans toutes les régions françaises. Un salarié sur deux qui travaillera dans le nucléaire en 2030 n'est pas encore dans la filière.

Il s'agit aussi ici d'attractivité. Ma conviction est que notre industrie doit continuer à innover et à se transformer. J'en prends pour preuve les avancées technologiques apportées par le digital et le numérique. Jamais une innovation ne s'est propagée aussi vite, et le champ d'application est immense dans notre industrie. Le progrès ne s'arrête pas là. Le secteur du nucléaire continue sa progression vers de nouveaux modèles énergétiques, comme les SMR, petits réacteurs modulaires, qui se développent partout dans le monde en parallèle des projets de construction à court et moyen terme de réacteurs plus puissants. De fait, la filière nucléaire française a un formidable rôle à jouer pour renforcer la coopération internationale, et notamment européenne.

Le nucléaire doit aujourd'hui adapter son modèle et changer de dimension. Quelles seront les conditions de réussite ? À nous, acteurs de la filière nucléaire, de démontrer la pertinence de notre action, dans le dialogue, avec humilité et pragmatisme. Pour cela, je suis convaincu que les projets doivent porter les enjeux de maîtrise industrielle, de standardisation ainsi que l'utilisation des meilleurs outils et méthodes d'ingénierie. Il s'agit aussi de faire en sorte de retrouver l'efficacité opérationnelle et la performance attendue en toute sûreté. Nous devons tous collectivement poursuivre les transformations commencées afin de continuer à convaincre de notre capacité à maîtriser nos chantiers et projets de construction. Et cela avec des objectifs forts : industrialiser toujours plus la manière d'aborder nos projets, intégrer les avancées offertes par le numérique, embarquer la filière grâce notamment à une politique industrielle claire et responsable. Développer, former, renforcer la capacité des entreprises à mener les projets sont autant d'enjeux pour réussir.

Et demain ? Le temps de développement d'une nouvelle filière de réacteurs est long et coûteux. Il couvre plusieurs décennies et mobilise des ressources d'innovation et de développement qui doivent être mutualisées entre les différents acteurs internationaux. Les communautés des chercheurs et ingénieurs s'activent sur les scénarios prospectifs. Si plusieurs filières technologiques prometteuses – réacteurs à neutrons rapides, à haute température, à sels fondus – sont aujourd'hui explorées dans le monde, elles doivent encore démontrer leur capacité à répondre simultanément aux enjeux de sûreté, de durabilité et de compétitivité. Les défis technico-économiques restent nombreux. Cependant, un consensus émerge pour faire du développement des réacteurs nucléaires de nouvelle génération, en cours de conception et de prototypage, une étape décisive pour la seconde partie de ce siècle. En réduisant l'extraction des ressources naturelles et en limitant les déchets, la génération IV rend possible la durabilité du nucléaire. Je suis par ailleurs convaincu que les efforts de recherche sur la fusion doivent se poursuivre.

Reste la question des coûts. Le choix du nucléaire est aussi celui de la compétitivité de l'emploi industriel et de la balance commerciale positive. L'énergie nucléaire confère un avantage compétitif essentiel pour tous. Un atout que nous devons préserver. Pour cela, il nous faut trouver un équilibre satisfaisant, permettant à la fois de faire bénéficier à nos concitoyens de la compétitivité des outils de production, d'en couvrir les coûts, de rémunérer le capital investi et de préparer l'avenir, comme cela est le cas pour tout industriel, quel que soit son secteur ou son activité.

La décarbonation de l'économie, le renforcement de la compétitivité ainsi que la souveraineté énergétique sont des accélérateurs de mutation profonde. C'est un défi, que nous voulons tous relever collectivement pour concilier croissance et climat. Je suis convaincu qu'un mix énergétique composé de nucléaire et d'énergies renouvelables nous donne les meilleures garanties de réussite.

Xavier Ursat
Président du Comité stratégique de la filière nucléaire et président du Groupement des industriels français de l'énergie nucléaire (GIFEN)

CONTRIBUTIONS

- **Philippe ANSEL** est chef économiste de la Fondation Concorde.

- **Gilles BABINET** est un entrepreneur dans le numérique. Digital champion de la France auprès de la Commission européenne depuis 2013. Il a récemment participé au Shift Project.

- **Olivier BARD** est délégué général du Groupement des industriels français de l'énergie nucléaire (GIFEN).

- **Catherine BAUBY** est directrice de la Stratégie du groupe EDF.

- **Sylvie BERMANN** est une diplomate française, présidente de World Nuclear Exhibition. Depuis 2021, elle est administratrice de l'Institut de relations internationales et stratégiques.

- **Christophe BOUILLON** est un homme politique français. De 2015 à 2018, il fut président du conseil d'administration de l'Agence nationale pour la gestion des déchets radioactifs.

- **Jean-Paul BOUTTES** est ingénieur et économiste, retraité depuis quelques années après avoir contribué à la création et au pilotage de la chaire développement durable à l'École polytechnique.

- **Franck CARRÉ** est directeur scientifique de la direction des énergies au CEA. Il est membre du conseil scientifique du CEA, de la direction des applications militaires du CEA et du Standing Advisory Group on Nuclear Energy de l'AIEA.

- **Jean CASABIANCA** est inspecteur général pour la sûreté nucléaire et la radioprotection (IGSNR) du groupe EDF après avoir occupé divers postes comme officier général et notamment haut fonctionnaire de Défense et de Sécurité du ministère des Armées puis amiral, major général des armées françaises. Il est membre de l'Académie de marine.

- **Philippe CHALMIN** est professeur émérite à l'université Paris-Dauphine. Historien et économiste, il est président fondateur de Cyclope qui publie chaque année depuis 1986 un rapport sur les marchés mondiaux de matières premières et de commodités.

- **Renaud CRASSOUS** est directeur du projet SMR NUWARD™.

- **Marc-Antoine EYL-MAZZEGA** est directeur du Centre Énergie & Climat de l'Institut français des relations internationales (Ifri).

- **Valérie FAUDON** est déléguée générale de la Société française de l'énergie nucléaire (SFEN).

- **Rafael Mariano GROSSI** est un diplomate argentin avec quarante ans d'expérience dans le domaine des affaires nucléaires et de la non-prolifération. Il est directeur général de l'Agence internationale de l'énergie atomique (AIEA) depuis 2019.

- **Christophe GRUDLER** est un journaliste et homme politique français. Ancien conseiller départemental du Territoire de Belfort, il est élu député européen en mai 2019. Au Parlement européen, il est vice-coordinateur de la Commission industrie, recherche, énergie (ITRE) pour le groupe Renew Europe et membre des commissions Affaires étrangères (AFET) et Sécurité et Défense (SEDE).

- **Mathias LAFFONT** est directeur usages et territoires et directeur des études de l'Union française de l'électricité (UFE).

- **Zion LIGHTS** est une auteure britannique, « Science Communicator » et militante pour le développement de l'énergie nucléaire. Elle travaille désormais pour Emergency Reactor, sa propre organisation.

- **William D. MAGWOOD IV** est directeur général de l'Agence de l'OCDE pour l'énergie nucléaire (AEN) depuis 2014. Il a été commissaire de la Nuclear Regulatory Commission (NRC) des États-Unis, de 2010 à 2014.

- **Cécile MAISONNEUVE** est conseillère auprès du Centre Énergie & Climat de l'Institut français des relations internationales (Ifri) et auprès de l'Institut Montaigne.

- **Claude MANDIL** est l'ancien directeur général de l'Agence internationale de l'énergie (AIE), poste qu'il a occupé de 2003 à 2007.

- **Antoine MÉNAGER** est directeur du débat public EPR2.

- **Xavier PIECHACZYK** est président du directoire de RTE depuis 2020. Il y est entré en 2015 en tant que directeur général adjoint en charge du pôle Réseaux, Clients et Territoires.

- **Alexandre SAUBOT** est président de France Industrie.

- **Brice TEINTURIER** est un analyste politique français. Il est directeur général délégué de l'institut de sondages Ipsos depuis 2010.

- **Greg de TEMMERMAN** est chercheur et directeur de Zenon Research.

- **Xavier URSAT** est président du Groupement des industriels français de l'énergie nucléaire (GIFEN) et du Comité stratégique de la filière nucléaire (CSFN). Il est par ailleurs directeur exécutif du groupe EDF en charge de la direction Ingénierie et Projets Nouveau Nucléaire.

UNITÉS DE MESURE

- kW : kilowatt
- MW : mégawatt
- GW : gigawatt
- kWh : kilowattheure
- MWh : mégawattheure
- TWh : térawattheure
- kVA : kilovoltampère

- W/m^2 : watt par mètre carré

- MBtu : *Million British thermal unit*

- gCO_2 : grammes d'équivalent CO_2
- gCO_2/kWh : grammes d'équivalent CO_2 par kilowattheure
- $MtCO_2$: millions de tonnes équivalent CO_2
- tCO_2 : tonne équivalent CO_2

SIGLES ET ACRONYMES

- ACV : analyse du cycle de vie
- ADS : *Accelerator Driven System*
- AIE : Agence internationale de l'énergie
- AEN : Agence de l'OCDE pour l'énergie nucléaire
- AMR : *Advanced Modular Reactor*
- ARENH : Accès régulé à l'électricité nucléaire historique
- ASN : Autorité de sûreté nucléaire
- CEA : Commissariat à l'énergie atomique
- CEREN : Centre d'études et de recherches économiques sur l'énergie
- CFETR : *China Fusion Engineering Test Reactor*
- CFR-600 : China Fast Reactor 600
- CFS : Commonwealth Fusion Systems
- CIGEO : Centre industriel de stockage géologique
- CIR : crédit d'impôt recherche
- CLI : commission locale d'information
- COP : coefficient de performance
- CSC : captage et stockage du carbone
- DEMO : *Demonstration Power Plant*
- EDF : Électricité de France
- EÉLV : Europe Écologie-Les Verts

- EnR : énergies renouvelables
- EnR & R : énergies renouvelables et de récupération
- EnRv : énergies renouvelables variables
- EPR : *European pressurized reactor*, renommé *Evolutionary power reactor*
- FIS : filière indépendante de sûreté
- Fondapol : Fondation pour l'innovation politique
- FSRU : Floating Storage and Regasification Unit
- GES : gaz à effet de serre
- GIEC : Groupe d'experts intergouvernemental sur l'évolution du climat
- GNL : gaz naturel liquéfié
- GNV : gaz naturel pour les véhicules
- GWP : *Global Warming Potential*
- HA : Haute activité radioactive
- HALEU : High Assay Low Enriched Uranium (< 20 %)
- HCTISN : Haut Comité pour la transparence et l'information sur la sécurité nucléaire
- HTTR : High Temperature Engineering Test Reactor
- IEC : Incident and Emergency Centre
- IFCEN : Institut de formation aux métiers du nucléaire franco-chinois
- IFER : imposition forfaitaire sur les entreprises de réseaux
- IFRI : Institut français des relations internationales
- IGSNR : inspecteur général pour la sûreté nucléaire et la radioprotection
- INB : installation nucléaire de base
- INSAG : International Nuclear Safety Advisory Group

- ISRN : Institut de radioprotection et de sûreté nucléaire
- ITER : *International Thermonuclear Experiemental Reactor*
- KP-FHR : Kairos Power Fluoride salt-cooled High temperature Reactor
- LFI : La France insoumise
- LR : Les Républicains
- MCFR : Molten Chloride Fast Reactor
- MIT : Massachusetts Institute of Technology
- MSQ : mission de sûreté nucléaire
- MSRE : Molten Salt Reactor Experiment
- NHSI : Nuclear Harmonization and Standardization Initiative
- NIF : *National Ignition Facility*
- NUTEC Plastics : Nuclear Technology for Controlling Plastic Pollution
- OCDE : Organisation de coopération et de développement économiques
- ONG : organisation non gouvernementale
- OPECST : Office parlementaire d'évaluation des choix scientifiques et technologiques
- OPEP : Organisation des pays exportateurs de pétrole
- OSART : Operational Safety Review Team
- PFBR : Prototype Fast Breeder Reactor
- PIB : produit intérieur brut
- PNP : Projekt Prototypanlage Nukleare Prozeßwärme
- PPE : Programmation pluriannuelle de l'énergie
- PRM : Petit réacteur modulaire
- PV : photovoltaïque
- REP : réacteur à eau pressurisée

- RGE : règles générales d'exploitation
- RNR : réacteurs à neutrons rapides
- RTE : Réseau de transport d'électricité
- SMR : *small modular reactor*
- SNBC : Stratégie nationale bas carbone
- SNE-TP : Sustainable Nuclear Energy Technology Platform
- STEP : stations de transfert d'énergie par pompage
- STEP (projet) : *Spherical Tokamak for Electricity Production*
- THTR-300 : Thorium High Temperature Reactor 300
- TMSR : Thorium Molten Salt Experimental Reactor
- TNP : Traité de non-prolifération des armes nucléaires
- TSN : transparence et à la sécurité en matière nucléaire
- UFE : Union française de l'électricité
- VTR : Versatile Test Reactor
- WANO : World Association of Nuclear Operators
- ZODIAC : Zoonotic Disease Integrated Action

TABLE DES MATIÈRES

REMERCIEMENTS

Évoquer le nucléaire sous différents angles et réunir des personnalités du monde scientifique, industriel ou encore politique n'est pas aisé. Conserver une unité, respecter les disparités et donner à voir du sujet un panorama suffisamment large pour éclairer chacun sur un sujet si technique et aux enjeux si importants aujourd'hui ne va pas sans le concours d'une équipe, connaissant la question tout en ayant la distance nécessaire. À ce titre, je souhaite remercier Nicolas Mitjavile, pour son regard et ses conseils, ainsi que tous ceux qui se sont engagés pour la réalisation de cet ouvrage.

#lisez! engagé
www.lisez.com
Pour plus d'information :
Imprimé sur du papier issu de forêts gérées durablement.

Achevé d'imprimer par
Normandie Roto Impression s.a.s.
N° d'impression : 2301786

Imprimé en France